服装中职教育"十二五"部委级规划教材
国家中等职业教育改革发展示范学校建设项目成果

衬衫制板·工艺·设计

关　丽　主　编
丁洪英　姜利晓　副主编

U0216814

中国纺织出版社

内 容 提 要

本书为服装专业教学使用教材。它是以"一个完整的工作任务循环"为主线，融制板、工艺、设计于一体的项目教材。

本书以衬衫为项目，分为衬衫制板、衬衫设计及衬衫拓展三大模块。衬衫的制板与工艺中包括女衬衫、男衬衫的制板与工艺操作步骤。衬衫设计中主要包括衬衫的分类、衬衫的风格设计、廓型设计。在衬衫的拓展中包括两个典型的案例。每一个款式都以工作任务的形式呈现，制板、工艺、设计形成一个完整的产业链。力求把"项目"做细、做实、做通，使课程的理论科学性和技术实践性达到和谐统一。

图书在版编目（CIP）数据

衬衫制板·工艺·设计 / 关丽主编 . —北京：中国纺织出版社，2016. 1（2016.8 重印）

服装中职教育"十二五"部委级规划教材 国家中等职业教育改革发展示范学校建设项目成果

ISBN 978-7-5180-0786-8

Ⅰ．①衬… Ⅱ．①关… Ⅲ．①衬衣—服装量裁—专业学校—教材 ②衬衣—生产工艺—专业学校—教材 ③衬衣—服装设计—专业学校—教材 Ⅳ．① TS941.713

中国版本图书馆 CIP 数据核字（2014）第 147302 号

责任编辑：华长印 特约编辑：彭 星 责任校对：楼旭红
责任设计：何 建 责任印制：何 建

中国纺织出版社出版发行
地址：北京市朝阳区百子湾东里A407号楼 邮政编码：100124
销售电话：010 — 67004422 传真：010 — 87155801
http://www.c-textilep.com
E-mail: faxing@c-textilep.com
中国纺织出版社天猫旗舰店
官方微博http://weibo.com/2119887771
北京市密东印刷有限公司印刷 各地新华书店经销
2016年1月第1版 2016年8月第2次印刷
开本：787×1092 1/16 印张：7
字数：120千字 定价：38.00元

　　《国家中长期教育改革和发展规划纲要》（简称《纲要》）中提出"要大力发展职业教育"。职业教育要"把提高质量作为重点。以服务为宗旨，以就业为导向，推进教育教学改革。实行工学结合、校企合作、顶岗实习的人才培养模式"。为全面贯彻落实《纲要》，中国纺织服装教育学会协同中国纺织出版社，认真组织制订"十二五"部委级教材规划，组织专家对各院校上报的"十二五"规划教材选题进行认真评选，力求使教材出版与教学改革和课程建设发展相适应，并对项目式教学模式的配套教材进行了探索，充分体现职业技能培养的特点。在教材的编写上重视实践和实训环节内容，使教材内容具有以下三个特点：

　　（1）围绕一个核心——育人目标。根据教育规律和课程设置特点，从培养学生学习兴趣和提高职业技能入手，教材内容围绕生产实际和教学需要展开，形式上力求突出重点，强调实践。附有课程设置指导，并于章首介绍本章知识点、重点、难点及专业技能，章后附形式多样的思考题等，提高教材的可读性，增加学生学习兴趣和自学能力。

　　（2）突出一个环节——实践环节。教材出版突出中职教育和应用性学科的特点，注重理论与生产实践的结合，有针对性地设置教材内容，增加实践、实验内容，并通过多媒体等形式，直观反映生产实践的最新成果。

　　（3）实现一个立体——开发立体化教材体系。充分利用现代教育技术手段，构建数字教育资源平台，部分教材开发了教学课件、音像制品、素材库、试题库等多种立体化的配套教材，以直观的形式和丰富的表达充分展现教学内容。

　　教材出版是教育发展中的重要组成部分，为出版高质量的教材，出版社严格甄选作者，组织专家评审，并对出版全过程进行跟踪，及时了解教材编写进度、编写质量，力求做到作者权威、编辑专业、审读严格、精品出版。我们愿与院校一起，共同探讨、完善教材出版，不断推出精品教材，以适应我国职业教育的发展要求。

中国纺织出版社

教材出版中心

衬衫设计与制作是中职服装专业核心项目课程之一。本教材编写思路立足于我国中职服装专业的课程改革核心思想，强调动手能力的培养，凸显技能实训模块教学。知识体系上，从基础项目做起，逐步递进拓展项目，由浅入深，循序渐进。知识盘点上，尽量做到知识的全面性和针对性。

本教材以一个基本款式为工作任务，遵循"立体造型→制图→制板→工艺制作→拓展设计"步骤，逐步完成一个工作循环。根据多年的教学实践经验，我们发现没有制板基础的设计图，其整体设计是不能够实现的。所以，对于刚刚学习服装设计的学生而言，我们把设计放在了结构的后面去学习，也就是"把感性的想法进行理性的呈现"。

编写教材伊始，我们试着问自己这样几个问题？什么样的教材学生好学？什么样的教材教师好用？什么样的教材适合开展项目教学？很快我们就得到了答案：学生希望它像一本"连环画"，画中有话。教师希望它既像一本"工作手册"步步有记录，又像一本"词海"，方便学生自主学习。这是我们编写这本教材的目标，也是这套教材的最大特色。

本书由关丽任主编，负责全书的统稿和修改，由丁洪英、姜利晓任副主编。具体编写分工如下：关丽主要编写了结构部分、知识盘点、立体裁剪、部分插图的文字说明；丁洪英、吴娟主要编写了工作任务中工艺部分；姜利晓绘制了全书的结构图；关丽、亓萍主要编写了工作任务中的设计部分。在本书编写中，还要特别感谢宁波纺织学院优秀毕业生黄如霞、吴嘉一、孙斌炀、刘珍秀、唐奇月、沈君艳、朱良萍、韩佳颖提供了高质量的设计图片。

由于时间紧、任务重，书中难免存在有不足之处，欢迎同行专家和广大读者批评指正，以便进一步修改完善。

编者

2015 年 11 月

目　录

项目一：

衬衫制板、工艺

C HENSHAN ZHIBAN GONGYI

任务一：女衬衫

过程一：款式分析

1. 效果图（图 1-1）

图 1-1

2. 款式描述（图 1-2）

图 1-2

　　此款为合体型女衬衫，男式衬衫领、翻门襟，前中设 6 粒纽扣，前后衣身收通底腰省，前衣片收腋下省，长袖，方形袖克夫，设大、小袖衩，下摆略带弧形。

过程二：测量

一、认知量体对象

服装结构制图的具体制图规格尺寸来源于量体对象的人体尺寸，量体对象的不同，会直接影响量体数据的不同，不同的年龄、不同的职业、不同的社会阅历、不同的穿着场合，量体的要求都将有所不同。因此，在量体之前，首先要了解一下不同对象对同一款式的服装尺寸的需求是否有所不同，并在量体记录表中详细记录：量体对象的年龄、职业、穿着场合、着衣习惯、着衣个人需求等，对特殊体型的对象，要用文字或者绘图形式记录其体型的特征。

二、确定量体部位

根据女衬衫的款式特点，可以先设定衬衫结构制图所必须使用的规格部位。

主要有长度（高度）和宽度（围度），长度（高度）方向指衣长、腰节长、袖长；宽度（围度）方向指领围、胸围、腰围、臀围。另外，根据款式特点明确一些细节部位，例如，省长、摆量、袖衩长、宽度等。

在人体上采集女衬衫相对应人体部位的尺寸，然后再将人体尺寸转化为女衬衫结构制图所需要的尺寸，即规格设计。

三、量体

1. 长度

（1）身高：人体赤足自然站立，用测高仪测量从头顶到地面的垂直距离。

（2）前衣长：由右颈肩点通过胸部最高点，向下量至衣服所需长度。

（3）后中长：从第七颈椎点量至后衣片所需长度。

（4）前腰节长：前腰节长由右颈肩点通过胸部最高点量至腰间最细处。

（5）袖长：肩骨外端向下量至所需长度。

2. 围度

（1）颈围：颈中喉结下 2cm 经过第七颈椎点处围量一周。

（2）胸围：腋下通过胸部最丰满处，水平围量一周。

（3）总肩宽：从后背左肩骨外端点量至右肩骨外端点。

（4）腰围：腰部最细处，水平围量一周。

四、规格设计

从人体上测量所得的数据我们称之为净体尺寸，简称净寸。结构制图所需的尺寸称为成品尺寸，也称成品规格。成品尺寸是净体尺寸加上一定的放松量所得（表 1-1）。人体着装后无论是自然状态还是运动状态都需要一定的放松量。

表 1-1　女衬衫成品规格设计　　　　　　　　　　　　　　　　单位：cm

女衬衫成品规格设计	
部位名称（代号）	净体尺寸 + 放松量 = 成品规格
后中长	61
肩宽	38
胸围（B）	84（净胸围）+6（放松量）=90
背长（H）	37
腰围（W）	68+8（放松量）=76
袖长（SL）	59
领围（N）	35
袖克夫（长 / 宽）	20/6

★ 知识盘点

衬衫规格设计的依据和方法

1. 国家标准女人体尺寸

服装规格设计的依据是人体各部位尺寸，再结合设计稿款式的结构、工艺特点、服装风格设计该款服装的规格。160/84A 体型人体各部位数值（图 1-3）。

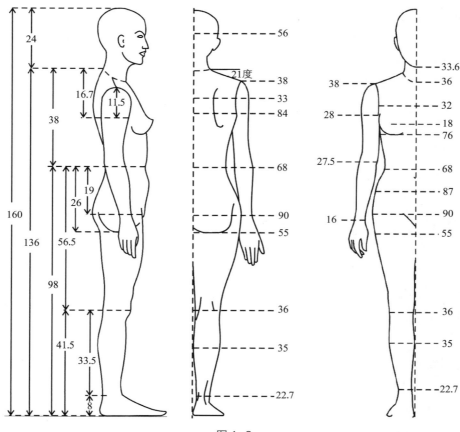

图 1-3

2. 成衣尺寸设计的依据

根据款式的设计要求，要仔细体会设计师的设计意图，如造型的适体度、穿着后的长度，肩部的造型、领子的大小、口袋的大小等。人体在活动时的必须松量，例如，在设计裙子下摆尺寸时要考虑人体在走路、登高时所需的活动量。服装的穿脱方式，例如，有些服装是套头穿着的，那么领口的尺寸必须考虑人体的头围尺寸；脚口的尺寸设计不能小于脚背到脚跟的围度。

过程三：制图

一、女衬衫前后片制图（图 1-4）

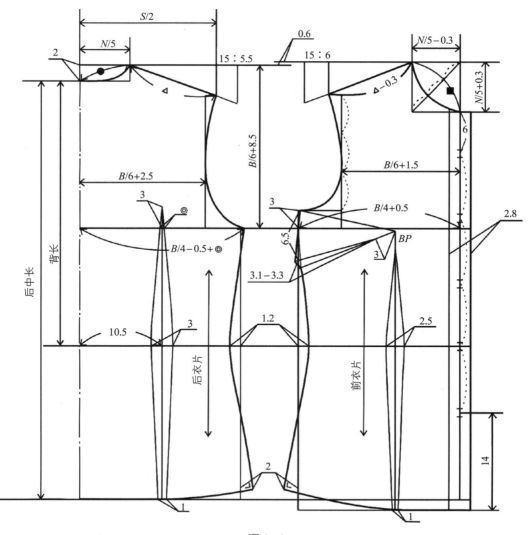

图 1-4

1. 后衣片

（1）后中线：画出的基础直线。

（2）上平线：垂直于后中线。

（3）后领宽线：按 $N/5$，由后中线量进，作后中线的平行线。

（4）后领深线：取 2cm，由上平线量下，作上平线的平行线。

（5）下平线（衣长线）：从后直领深点往下量后中长尺寸，作上平线的平行线。

（6）后腰节线：从后直领深点往下量背长规格，作上平线的平行线。

（7）袖窿深线（胸围线）：从上平线往下量 $B/6+8\sim8.5cm$。

（8）后肩斜线：从横领宽点按 15∶5.5 的比值确定肩斜度，做后肩斜线。

（9）后肩宽：从后中线量肩宽 1/2 与后肩斜线相交。

（10）后背宽线：按 $B/6+2.5cm$，由后中线量进，作后中线的平行线。

（11）侧缝直线（后胸围大）：后中线与胸围线处相交点往右量 $B/4-0.5cm+$圆，作下平线的垂直线。

（12）侧缝弧线：在腰节线上，侧缝直线偏进 1.2cm；在下平线上，侧缝直线偏进 2cm，起翘 3cm，画成流畅的弧线。

（13）底边弧线：画成顺畅的弧线，同时保持与侧缝线垂直。

（14）后腰省：距离后中线 10.5cm，作后中线的平行线，省尖点超过胸围线 3cm，腰省收 3cm 的量，下摆收 1cm。

制图完成后，须检查核对胸围的尺寸，若是由于衣片收省后引起胸围量的不足，需在前衣片或后衣片中补足。后面的款式制图相同。

2. 前衣片

（1）上平线：在后片的基础上抬高 0.6cm 做平行线。

（2）前中线：垂直相交于上平线和衣长线。

（3）前领宽线：取 $N/5-0.3cm$，由于前中线量进，作前中线的平行线。

（4）前领深线：按 $N/5+0.3cm$ 由上平线量下，作上平线的平行线。

（5）前肩斜线：按 15∶6 的比值确定肩斜度，由前横领宽点量进。

（6）前小肩长：取后小肩长 -0.5cm。

（7）前胸宽线：按 $B/6+1.5cm$，由前中线量进，作前中线的平行线。

（8）侧缝直线（前胸围大）：按 $B/4+0.5cm$，作前中线的平行线。

（9）胸高位：上平线往下量 24~25cm，前中量 9~2.5cm 两点相交为胸高点。

（10）基础胸省量：袖窿深与胸围线交点垂直往上量 3cm（可变量），作出基础胸省，并与胸高点连接。

（11）止口线：往右延长前直领深线 1.4cm（翻门襟宽 \2），作前中线的平行线。

（12）胸高点定位：纵向，从前肩颈点往下量取 24~25cm。横向，从前中线往左量

9~9.5cm，它们的交点即为胸高点（*BP* 点）。

（13）定腋下省位置：从腋点 *a* 开始沿着侧缝线往下量取 6.5cm 为 *b*，再往下量取省量 3cm 到 *d*，同时找 *bd* 的中点 *c*，连接 *cBP* 点。离开 *BP* 点往省道方向截取 3cm，然后连接 *bf*、*df*；反向延长 *bf* 使之与 *df* 等长，最后连接 *a'b*、*bc*、*cd*（图 1-5）。

（14）侧缝弧线：在腰节线上，侧缝直线偏进 1.2cm；在下平线上，侧缝直线偏出 2cm，起翘 3cm，画成流畅的弧线。

（15）底边弧线：画成流畅的弧线，同时保持与侧缝线垂直。

（16）作腰省：经过 *BP* 点往下作垂线，分别与腰节线、下平线相交，腰省量取 2.5cm，下摆收 1cm，省尖点离开 *BP*3cm 左右。

（17）定翻门襟宽：往左作止口线的平行线，距离是叠门宽的两倍。

（18）门襟纽位：第一粒纽位处于下领前端，第二粒纽位处于前中线上距前领深线 6cm，末眼距底边 14cm，中间各纽位平均分布，扣位为纵向。

二、袖片和零部件制图

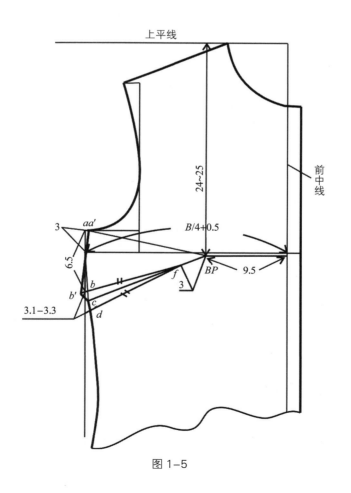

图 1-5

1. 袖片基础线结构制图（图1-6）

（1）上平线：作一条基础直线。

（2）下平线（袖长线）：取袖长减袖克夫宽，平行于上平线。

（3）袖中线：垂直相交于上平线与下平线。

（4）袖山深线：由上平线往下量取 $AH\backslash3$（AH 指袖窿弧线总长），作一条平行线。

（5）袖肘线：由上平线往下量取袖长 $\backslash+2.5cm$，作一条平行线。

（6）前后袖斜线：分别量取前 AH 和后 AH 的长度作前后袖斜线。

（7）袖口大：取袖克夫大＋褶裥量，即大、小袖衩宽＋装大、小袖衩的缝份，以袖中线为中点两边平分。袖口中的1.75cm，指的是装大、小袖衩引起的增量（不同袖衩宽所引起的增量也不一样）。本款衬衫大袖衩宽2.2cm、小袖衩宽1cm；一般情况下，装大、小袖衩的缝份是大、小袖衩宽的一半，可以参考公式进行计算，即1.6cm。

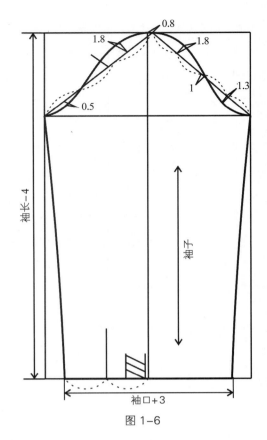

图 1-6

（8）袖底线：分别将前、后袖口大与前、后袖宽点连接形成袖底缝。

（9）袖山弧线：过袖山顶点和袖宽点画弧线与袖山斜线相切。

（10）袖口裥的定位：袖中线偏右1cm为第一个裥的起点，然后往左量取2cm为第一个褶裥；再往左2cm为裥距，继续往左2cm为第二个褶裥，最后往左量取2cm为袖衩位置。

2. 领子的结构制图（图1-7）

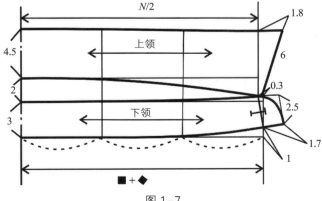

图 1-7

3. 零部件的结构制图（图 1-8）

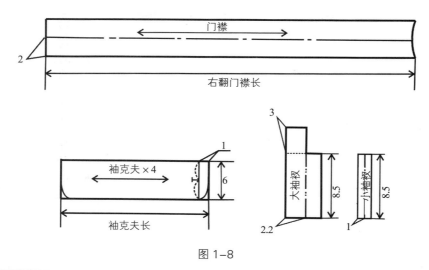

图 1-8

★ 知识盘点

一、衬衫制图术语及符号

（1）衬衫：穿在内外上衣之间，也可单独穿用的上衣。

（2）门襟：锁眼的衣片。

（3）里襟：钉扣的衣片。

（4）袖窿：上衣大身装袖的部位，又称为袖孔。

（5）腰节：衣服腰部最细处。

（6）侧缝：袖窿下面连接前后衣身的缝，也叫摆缝。

（7）搭门：门襟、里襟重叠的部位。

（8）前（后）领省：领窝至胸部（肩胛骨）的省道。

（9）前（后）肩省：肩部至胸部（肩胛骨）的省道。

（10）腋下省：腋下侧缝处至胸部的省道。

（11）前后腰省：衣服腰部的省道。

（12）刀背缝：从袖窿分割成弧形的开刀缝。

（13）插袋：在衣身裁片剪接处，留出袋口的隐蔽性口袋。

（14）贴袋：直接在衣服表面车辑或者手缝袋布做成的口袋。

（15）开袋：袋口由剪开衣身而得，袋布置于衣服内侧的口袋。

（16）育克：连接前后衣片缝合的部位，也称过肩、复势。

（17）背缝：后身中间缝合的缝。

（18）翻折领：由领座与翻领部分连成一体的衣领。

（19）翻立领：也称男式衬衫领，由上领（翻领）和下领（领座）组成的衣领。

（20）立领：只有领座的衣领。

（21）袖山：袖片上呈凸出状，与衣身的袖窿处相缝合的部位。

（22）袖衩：袖口部位的开衩。

（23）袖克夫：缝在袖口的部位，又称为袖头。

二、女衬衫制图原理

1. 后领宽比前领宽略大的原因

后领宽比前领宽略大是由人体颈部的形状所决定的，由于颈部斜截面近似桃形，前领口处平而后领口有弓图面弧形，因而形成了衣领的前窄后宽。本书横领若有领围规格，则参照公式计算；若没有设置领围规格，则按女装原型开领方法：（按净胸围 84 计）后领宽 7.1cm，领深 2 ~ 2.3cm；前领宽 6.9cm，前领深 7.4cm。

2. 肩斜的确定

人体的肩斜度约为 20°，结合人体体形特点，前肩斜采用 15：6（角度 21°），后肩斜采用 15：5（角度为 19°），但本书中合体款式（除后背有育克分割以外）的后肩斜度采用的是 15：5.5 数值，是由于后小肩线略长于前小肩，进行了肩省近似处理。

3. 袖窿深（后上平线到胸围线之间的距离）

袖窿深通常以人体（可参考人台）的腋窝位置向下挖深一定的量来确定，根据衬衫的合体程度一般紧身型挖深 1cm 左右，合体型挖深 2cm 左右，较宽松型 3cm 左右，宽松型 4cm 或更多。另外，根据款式特点和个人穿着习惯应作适当调整。

4. 劈量

后（前）片中省、分割线处被劈去的量，一是在制图前加大胸围规格；二是在后（前）片制图中预加一个量，以保证成品规格，本书中采用第二种方法。

5. 前、后腰省

在测量人体时，因后腰比前腰向内弯的幅度大，因此在计算和分配腰省量时，后省量应该比前省量稍大。后腰省上端的省尖可比胸围线高出 2 ~ 3cm，而前腰省上端省尖应在 BP 点下 2 ~ 3cm。

6. 腰省延长至下摆的处理

衬衫的腰省，由于前后下端的省尖在缝纫时难以平服而影响美观，所以在实际工作中常常采用将省尖延长到下摆的方法，前片可以通过合并腋下省，使腰省分开，再画顺底边弧线；

后片的腰省延长到下摆、画顺线条，下摆围会有所变小，这时可以在侧缝补充减少的省量。

7. 衬衫门、里襟叠门的确定

衬衫门、里襟叠合后，纽扣的中心应落在前中线上。服装的门、里襟大小与纽扣的直径有关，纽扣的直径越大，则叠门也越大。叠门宽的计算可用下面公式表示：前中线上的叠门宽＝纽扣直径＋（0～0.5）cm。当叠门宽小于1.5cm时，应增加纽扣数量，防止门襟、里襟豁开。

8. 后小肩线略长于前小肩线的原因

后小肩线略长于前小肩线的原因是通过后小肩的略收缩，满足人体肩胛骨隆起及前肩部平挺的需要。后小肩线略长于前小肩线的控制数值与人体的体型、面料的性能及省缝的设置有关，一般衬衫控制在0.3～0.5cm之间，薄型面料可前后小肩等长。

9. 纸样的修正

为了防止缝制时出现错误，要对画好的纸样进行检查，将领口、肩、袖山、袖口、底摆线的连接部位修改圆顺。将分割缝、省缝叠成缝合状态，对线进行修改。

10. 扣眼与纽扣位置的确定方法

（1）下领：纽眼位于下领宽的正中间，从前中线处向门襟止口方向加入重叠松量0.3～0.5cm，锁横向平头眼一颗，而纽扣位于前中线不外偏。

（2）里襟：沿前中线，下领装领位置向下5～6cm处钉第一粒纽扣。与第二粒要间隔7～8cm。或者可以先确定最后一粒纽扣然后平分即可。

（3）里襟：对齐门、里襟止口，纽眼上端位于纽扣位置向上0.2～0.3cm，锁纵向平头纽眼。

11. 前长与后长

在女装衣身结构设计中，前长和后长是非常重要的尺寸。因为这是人体的数据，它不会随着款式的变化而改变，只会随着体型变化而改变，胸部越丰满前长越长，反之，胸部平坦前长就短（图1-9）。

根据原型制图，我们知道女装的后长为40.3cm，前长为40.9cm。

在制图中，前片衣身的放置有两种情况，一是前后胸围线在同一条水平线上，前片侧颈点在上平线下0.5cm，腰围线下降3.4cm（胸省量）；另一种情况是腰围线在同一水平线上，前片侧颈点在上平线向上2.9cm（胸省-0.5）（图1-10），这两种放置方法都可以选择，其结果是一样的。

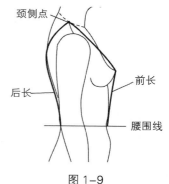

图1-9

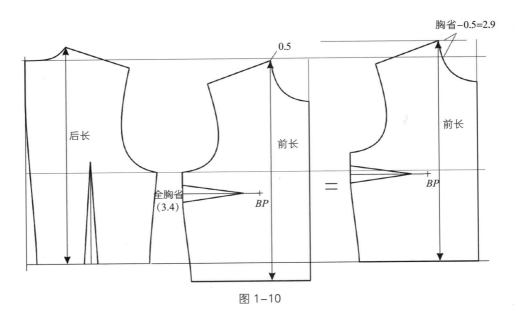

图 1-10

12. 衣身结构平衡

在服装制板和裁剪过程中，衣身平衡处于重要地位，是衡量板型质量，合体程度的重要标志之一。所谓衣身结构平衡，就是指服装在穿着后三围呈水平状态，衣身不起吊，不起皱，结构稳定。影响衣身结构平衡的因素很多，但最重要的是胸省的准确处理。

通过原型制图得知全部胸省量为 3.4cm（注：根据不同人体胸省量大小也不同，胸部越丰满胸省量越大，反之，胸部越平坦胸省量越小，一般挺胸体胸省取 4 ~ 5cm，平胸体取 2.5 ~ 3cm）。越合体的服装其胸省量使用越多，因为胸省收得越大胸部造型越丰满，就越符合人体曲线。

合体衣身的胸省处理一般有以下几种情况。

（1）胸省量全部收省。适合贴体的服装，如西装、职业装、旗袍、礼服、紧身连衣裙等。在使用中胸省可以根据款式需要设置在不同的地方（图 1-11）。

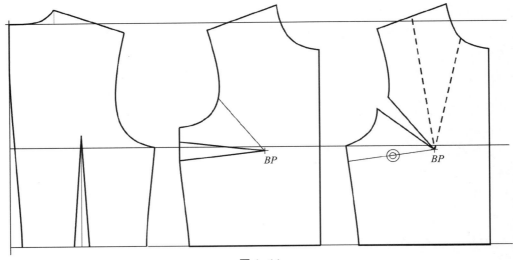

图 1-11

（2）部分胸省转为胸劈门。将一部分胸省转移到前中，使前中线变长，如图1-12所示。适用于翻驳点在胸围线以下的西装领、青果领等领型，因为翻折线经过胸部附近时，胸部凸起使翻折线呈弧形，需要一定的加长量，如果没有劈门设计，可能会出现搅止口现象。

要注意的是，有胸劈门的女装最好有归拔工艺相结合，否则会产生驳口线起空的弊病。

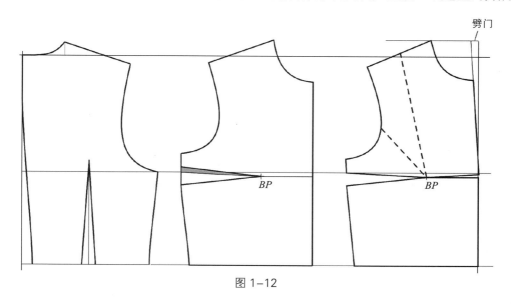

图1-12

（3）部分胸省转为袖窿松量。适合大部分合体和休闲服装，将部分胸省转移成袖窿松量，增大袖子活动量，减少胸部丰满度（图1-13）。

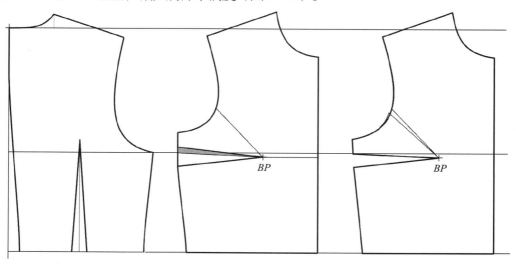

图1-13

过程四：制板

一、裁剪样板

女衬衫放缝、打剪口与作记号要领：女衬衫各裁片除前、后衣片底边的缝份为1.2cm、领圈线和下领领底线 0.8cm 外，其他均为 1cm，不必打剪口，只有特殊缝份须打剪口，如贴边、挂面、小于或大于 1cm 的缝份。剪口还应用在省根位表示省的位置和省量的大小，同时也应用于褶裥量的表示。如本款女衬衫的底边省位和袖口褶位，都需要设置剪口。钻眼，在离省尖 1cm，腰省往里 0.3cm 处打剪口；腋下省的省尖也往里缩进 1cm，目的是使缝制后看不到剪口。组合部位剪口要对位。肩点与袖山顶点、下领后中点与衣片后领圈弧线中点、下领颈侧点与衣片领圈颈侧点、上下领装领点等部位都需要打剪口（图 1-14）。

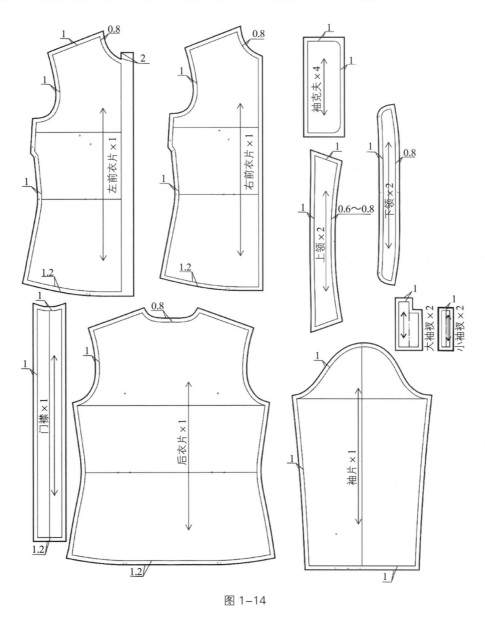

图 1-14

女衬衫的黏衬样板主要有三个部位：领子部位、袖克夫部位、门襟部位。如图 1-15 所示，灰色阴影部位既是黏衬样板的位置及造型。

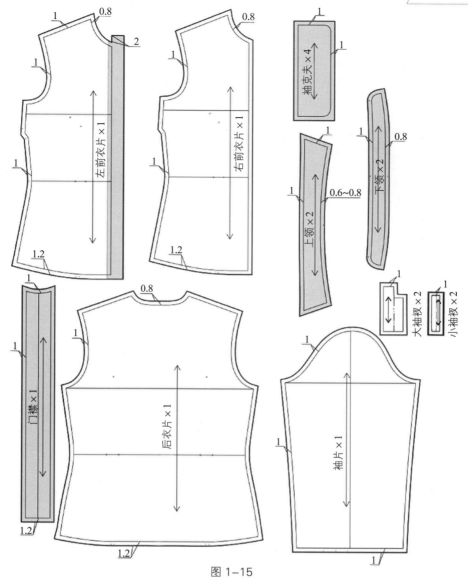

图 1-15

二、工艺样板（图 1-16）

过程五：裁剪

一、算料、配料、排料

1. 算料

女衬衫面料幅宽 150cm，一般用料为衣长 + 袖长 +10cm。例如，女衬衫衣长 60cm，袖长 54cm，则该件女衬衫所需用料为 60+54+10=124cm。

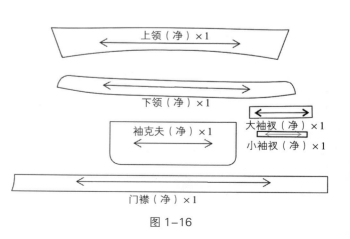

图 1-16

2. 配料

无纺布衬料 50cm，树脂纽扣 8 粒（其中 1 粒为备用纽扣），同色线 1 团。

3. 排料

在排料前，先将面料预缩（将面料浸入水中 24 小时自然晾干），检查面料有无瑕疵，如有要避开。如裁片左右片对称，可将面料按照经向方向一折二，反面朝上，进行排料。排料时应注意以下几点：先排大部件，再排小部件；先排面料，后排辅料；紧密套排，缺口合并。

二、面料裁剪

1. 划样

丝缕线始终要与布边保持平行，可用两把尺子一端靠着丝缕线，一段靠着布边，两把尺子尺寸相同就表示丝缕挺了。按样板进行划样，注意样板上的一些对位标记和省、褶的标记要做好（划分用刀削薄），在画省尖时用锥子在离开省尖 0.3cm 处打剪口（图 1-17）。

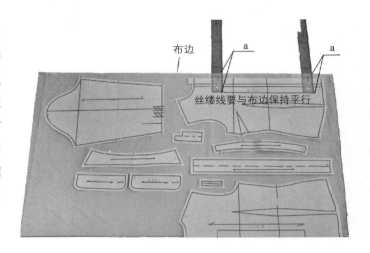

2. 裁剪

按划样裁剪样板，注意省位、褶位、袖的剪口符号，裁剪好所有样板，面料的反面可用"×"表示（图 1-18）。

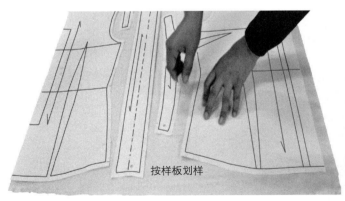

按样板划样

锥子离开省尖0.3cm打剪口

图 1-17

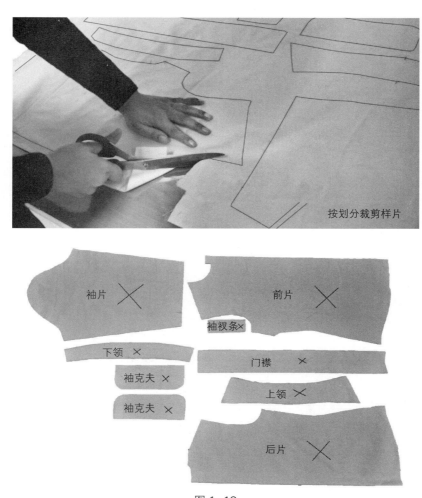

图 1-18

3. 辅料裁剪

门襟、领片、袖克夫裁片根据样板上的丝缕标记和裁片数量进行画样裁剪,注意裁片丝缕与黏合衬的边平行(图 1-19)。

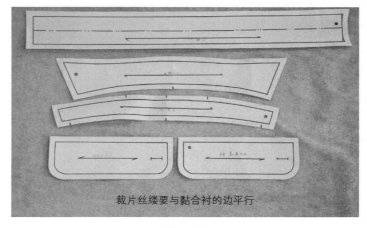

图 1-19

图 1-19

4. 熨烫

（1）黏衬熨烫。零部件反面烫衬，注意掌握熨斗温度，领片熨烫时注意从领的中间往两边烫（图 1-20）。

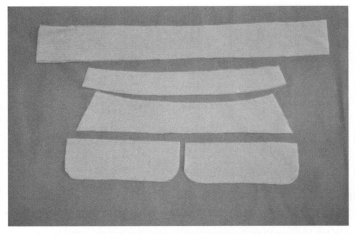

从领中开始往两边烫衬

图 1-20

（2）袖克夫扣烫（图1-21）。

（3）袖叉熨烫（图1-22）。

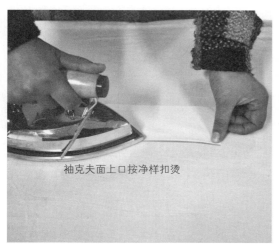

袖克夫面上口按净样扣烫

图1-21

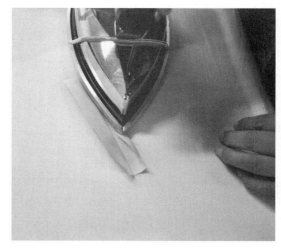

图1-22

（4）门襟熨烫（图1-23）。

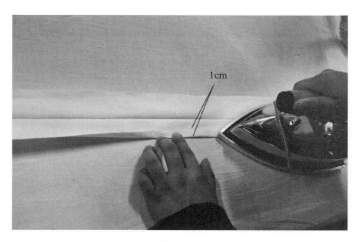

1cm

图1-23

（5）领子熨烫。袖克夫上口按净样扣烫；袖衩条对折烫好，注意上下层0.1cm错势；门襟对折烫后，两边扣烫1cm，注意上下层0.1cm错势；按底领净样，扣烫底领下口1cm（图1-24）。

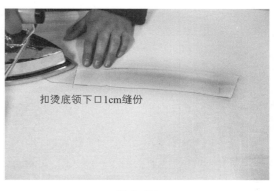

扣烫底领下口1cm缝份

图1-24

过程六：缝制

一、编写工艺单（表1-2）

款式图：

款号：WK-08023

规格表 部位 \ 尺码	S	M	L	XL
后中长	56	58	60	62
肩宽	34.5	35	35.5	36
胸围	86	90	94	98
背长	37.5	38	38.5	39
腰围	74	76	78	80
袖长	57	58	59	60
袖克夫 大／宽	20／5	20／5	20／5	20／5

单位：cm

表1-2 女衬衫工艺单

单位：cm

名称：女衬衫　下单工厂：ZJ·FASHION　完成日期：2013-8-14

面料小样：

辅料小样：

面辅料配备：

名称	货号	门幅（规格）	单位用量	名称	货号	门幅（规格）	单位用量
面料		150	124	尺码标			10
里布		110	60	明线	配色		110
黏衬				暗线	配色		110
树脂扣		直径1.5	8	洗水唛			10

黏衬部位：
领面、底领面、袖克夫
面、门里襟

工艺缝制要求：

1. 做门襟、里襟不外漏，明线间距一致
2. 做领子、领子要有窝势，里子无反吐现象，左右领角无大小，无高低
3. 做袖衩，小袖衩不外漏
4. 做袖头、袖头里面平整，明线间距一致
5. 下摆卷边1.5cm
6. 线迹无跳针，无浮面底线，无多针少针
7. 正反面无线头，无污渍
8. 所有拼接接双层拖边
9. 纽扣位置与扣眼无偏差，不得超过0.3cm
10. 剪烫无极光

裁剪要求：

1. 裁片注意断层、色差、色条、破损，尽可能避免面料的色差和疵点
2. 纱向要顺直，不要倾斜
3. 裁片准确，两层相符
4. 合理套排，如叩叩料套排
5. 剪口打齐，剪口深0.4cm

明线针距：11针/3cm　　暗线针距：12针/3cm

制单：×××　审核：×××　日期：××××年×××月×××日

二、缝制

1. 收省

在衣片的反面按照省尖、省大画出省位，收省时，省根打倒回针，省尖空踩一段不打倒回针，后片收腰节省，方法与前片相同，收省完毕后熨烫省，后腰节省往后中倒，前腰节省往前中倒，腋下省往上倒（图 1-25）。

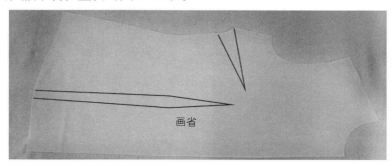

画省

收省，省根打倒回针，省尖空踩不打倒回针。

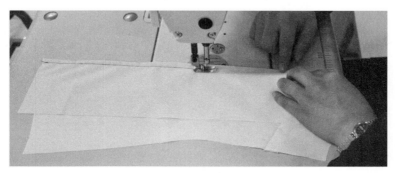

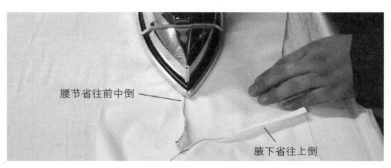

腰节省往前中倒

腋下省往上倒

图 1-25

2. 做门里襟

将扣烫好的门襟夹住衣片 1cm 缝份，缝缉 0.1cm 止口线，右片里襟按样板修片，里襟按扣烫好的反面压线 0.1cm（图 1-26）。

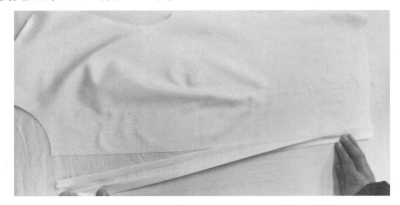

门襟压线 0.1cm

按样板修剪里襟

里襟反面压线 0.1cm

图 1-26

3. 拼肩缝

前片后片正正相对，肩斜线按 1cm 缝份缝合，三线拷边时前片在上拷边，再将肩缝线朝后片烫倒（图 1-27）。

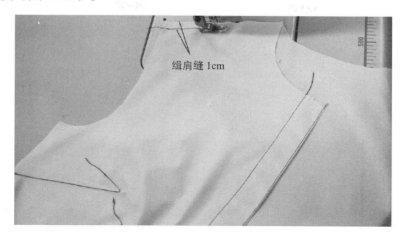

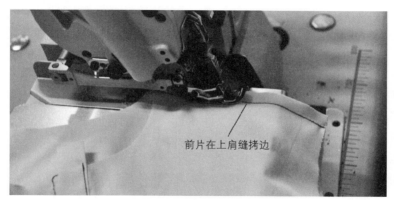

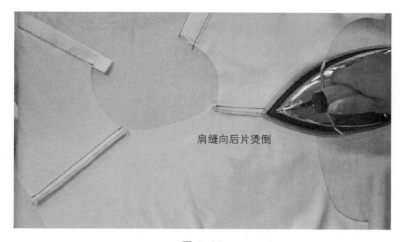

图 1-27

4. 做、绱袖

做折裥，按折裥剪口符号折好固定，折裥开口正面朝大袖，并熨烫好（图 1-28）。

图 1-28

（1）收折裥。

（2）做袖衩。将烫好的袖衩条与袖片袖衩开口夹缉缝合，袖衩正面 0.1cm 压线，袖衩条有 0.1cm 错势的在上为正面，袖片衩转弯处拉直缝缉，注意不能留小漏洞，袖衩反面封三角约 0.8cm 正三角，来回三到四道线（图 1-29）。

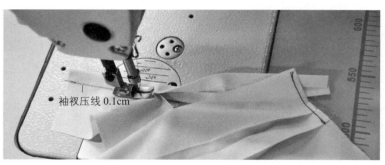

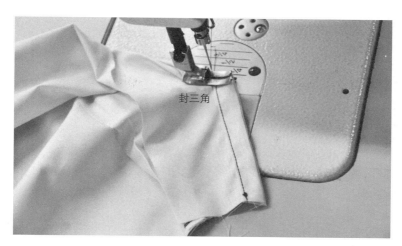

图 1-29

（3）绱袖。食指抵住袖山不放，缉 0.5cm 线进行袖山吃势，并做出袖山抛量，绱袖时袖片在下，与袖山剪口对齐，1cm 缝份装袖，注意左右袖别绱错，肩缝倒后片，袖山弧线拷边时注意衣片在上进行拷边（图 1-30）。

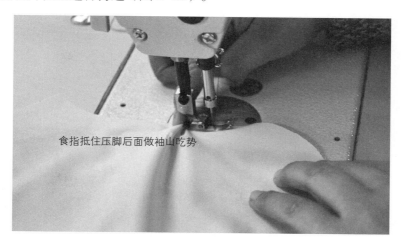

食指抵住压脚后面做袖山吃势

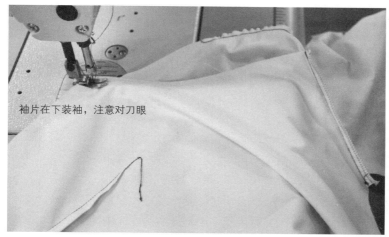

袖片在下装袖，注意对刀眼

图 1-30

图 1-30

5．合摆缝

前后侧缝正正相对，反面压线 1cm，注意袖底十字缝对齐，袖山缝份朝袖子倒，拷边时前片在上进行摆缝拷边、烫摆缝，缝份朝后片倒（图 1-31）。

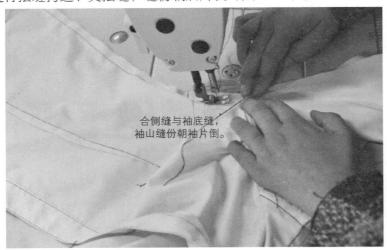

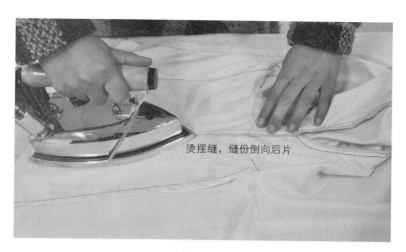

烫摆缝，缝份倒向后片

图 1-31

6. 做、装袖克夫

做袖克夫，将烫好的袖克夫面上口压线 0.9cm，然后两片正正相对，按净样缝缉，注意袖克夫里子上口折转包住袖克夫正面上口缝，圆角要缝缉圆顺，修剪缝份剩 0.3cm 可借助 1 元硬币翻正，最后袖克夫正面压线 0.3cm，从上口 0.9cm 压线处开始压缉（图 1-32）。

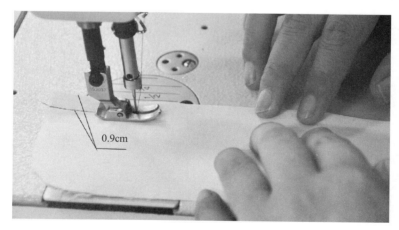

0.9cm

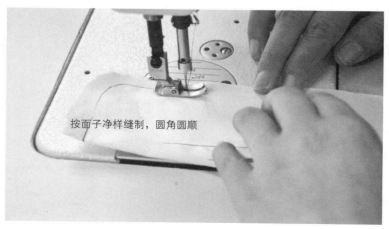

按面子净样缝制，圆角圆顺

图 1-32

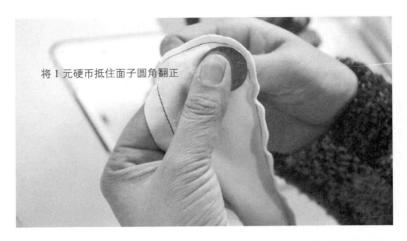

将1元硬币抵住面子圆角翻正

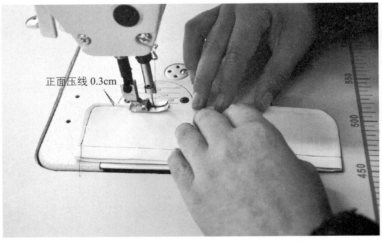

正面压线0.3cm

图 1-32

（1）做袖克夫。

（2）装袖克夫。装袖克夫缝宽1cm，用划粉在前后袖衩上先做好缩袖标记，装袖克夫，正面压线0.1cm（图1-33）。

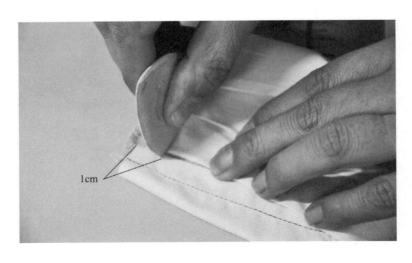

1cm

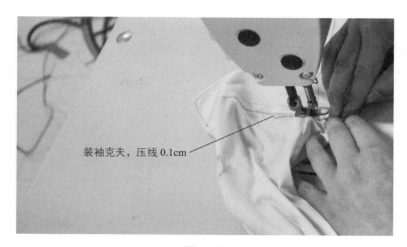

图 1-33

7. 做、装领

底领下口正面压线 0.6cm 止口，按底领净样大小将两头正正相对缝缉好，修剪底领缝份 1cm（图 1-34）。

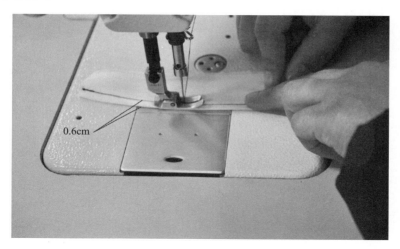

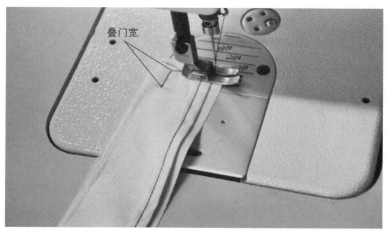

图 1-34

（1）做底领。

（2）做领面。做上领，将领片正正相对按净样线缝合，在领角处两领片中间剩一针的时候放一根线，方便翻领角，修剪上领缝份 0.5cm，翻正，熨烫出领角窝势，领面压线 0.6cm（图 1-35）。

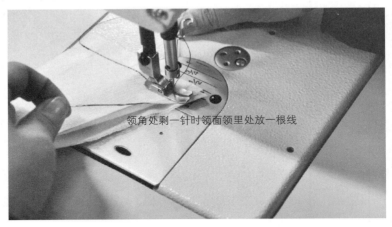

领角处剩一针时领面领里处放一根线

修剪缝份

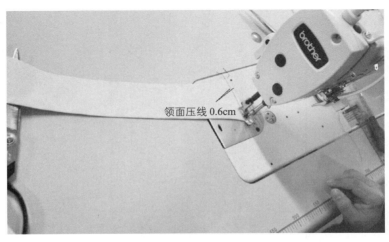

领面压线 0.6cm

图 1-35

（3）合领。将领角大点对准底领叠门点，注意左右领角大小一致，底领夹住上领按净样线缝合，注意对领刀眼，将领子翻正烫平（图1-36）。

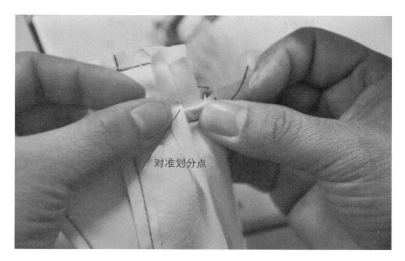

对准划分点

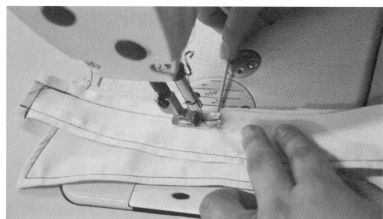

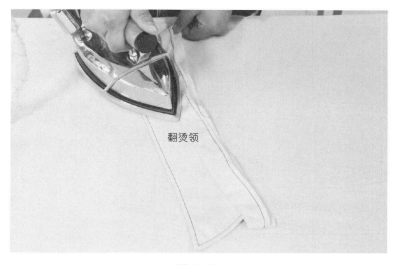

翻烫领

图 1-36

（4）绱领子。从左襟绲至右襟，注意门里襟处饱满，底领压线从领面进来3～4cm处开始，兜绲一圈，压线0.1cm止口，注意两领角大小、角度以及门里襟处的饱满（图1-37）。

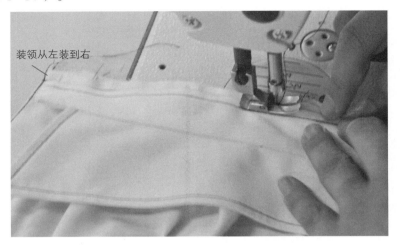

装领从左装到右

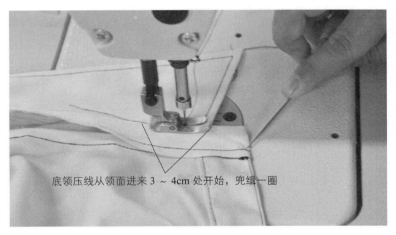

底领压线从领面进来 3 ～ 4cm 处开始，兜绲一圈

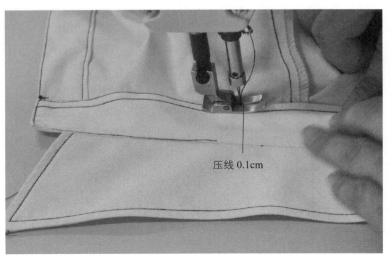

压线 0.1cm

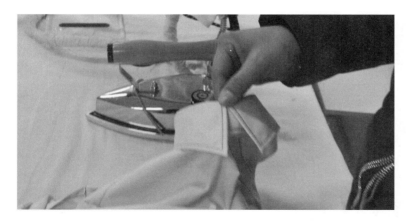

图 1-37

8. 做下摆

下摆三折，宽度 1cm，压线 0.1cm 止口（图 1-38）。

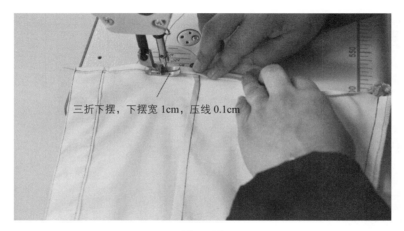

三折下摆，下摆宽 1cm，压线 0.1cm

图 1-38

9. 整烫

按先里后面、从上到下、从左到右顺（图 1-39）。

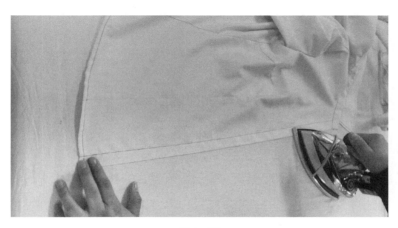

图 1-39

任务二：男衬衫

过程一：款式分析

1. 效果图（图2-1）

图2-1

2. 款式描述（图2-2）

图2-2

　　此款式男衬衫款式为：普通门襟、中尖领、直腰身、长袖、前衣片左胸设贴袋一只，前门襟六粒纽扣，后衣片装育克，平下摆；袖口处开宝剑头袖衩，收两只褶裥，装圆头袖克夫。

过程二：规格设计

从人体上测量所得的数据称之为净体尺寸，简称净寸。结构制图所需的尺寸称为成品尺寸，也称成品规格。成品尺寸是净体尺寸加上一定的放松量所得。人体着装后无论是自然状态还是运动状态都需要一定的放松量。

表 2-1　男衬衫成品规格设计　　　　　　　　　　　　　　单位：cm

男衬衫成品规格设计	
部位名称（代号）	净体尺寸 + 放松量 = 成品规格
后中长	71
肩宽	46
胸围（B）	88（净胸围）+20（放松量）=108cm
背长（H）	39
袖长（SL）	59.5
领围（N）	38
袖口大	24

过程三：制图

一、男衬衫结构框架制图（图 2-3）

1. 后衣片基础框架制图步骤

（1）后中心线：画一条直线。

（2）上平线：画一直线与后中心线垂直作为上平线。

（3）底边线：画一直线与上平线平行，两线相距为后中长规格71cm，即为底边线。

（4）胸围线：以上平线为起点，作平行线垂直于后中心线，两平行线相距 $B/5+4$。

（5）腰节线：由上平线向下量取腰节长号/4作直线垂直于后中心线。

（6）后领深线：由上平线向下量取腰节长号/4作直线垂直于后中心线。

（7）后领宽线：由后中心线量取领款 $N/5$ 作直线垂直于后领深线。

（8）后肩斜线：按 15∶4.5 的比值确定后肩斜度。

（9）后肩宽：由后中线量取 $S/2$ 与后肩斜线相交，其交点为后肩端点。

（10）后背宽线：由后肩端点水平偏进2cm，作后中心线的平行垂直于胸围线。

（11）后胸围大：在胸围线上由后中心线量取后胸围大为 $B/4$ 作直线平行于后中心线并交于底边线，即后衣片侧缝线。

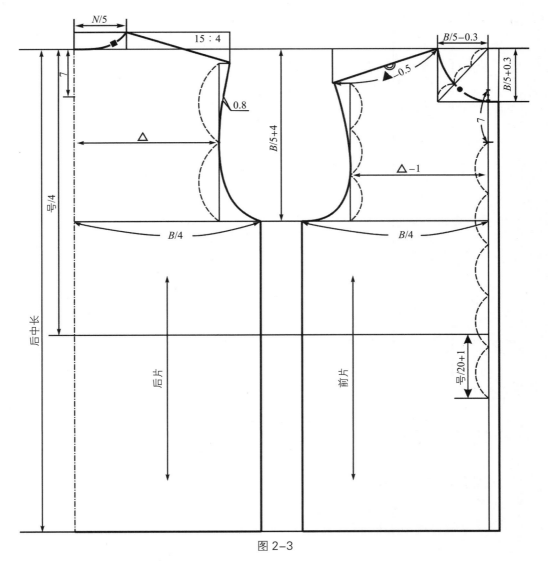

图 2-3

2. 前衣片基础框架制图步骤

延长后衣片的上平线、胸围线、腰节线、底边线。

（1）前中心线：由后衣片的侧缝线为起点在胸围线上量取前胸围大 $B/4$，作直线平行与后中心线为前中心线。

（2）前领宽线：由上平线向下量取 $N/5+0.3cm$ 作直线垂直于前中心线。

（3）前领深线：由上平线向下量取 $N/5-0.3cm$ 作直线垂直于前领深线。

（4）前肩斜线：按 15：5.5 的比值确定前肩斜度。

（5）前小肩宽：与后小肩等长。

（6）前胸宽线：以前中心线为起点，在胸围线上量取前胸宽 -1 作前中心线的平行线垂直于胸围线。

（7）前胸围大：在胸围线上，由前中心线量取前胸围大为 $B/4$ 作直线平行于后中心线并交与底边线，即前衣片侧缝线（此款制图时前后衣片侧缝线重合）。

（8）止口线：由前中心线量取 1.5cm 作为前中心线的平行线，相交于底边线和领深线即叠门宽。

二、男衬衫结构轮廓线制图（图 2-4）

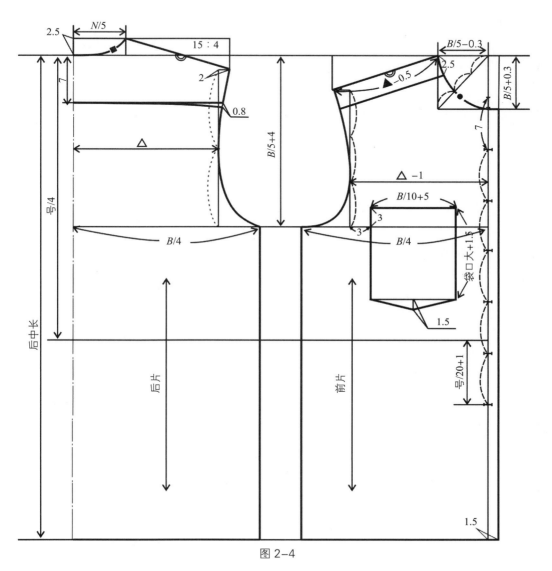

图 2-4

在基础线制图上依次画出后领圈弧线、后袖窿弧线、后育克分割线、前领圈弧线、前袖窿弧线、过肩斜线、前后侧缝线、前后底边线、胸贴袋及育克。

（1）后领圈弧线：将基础线结构图中的后领宽线 A 点 A' 点间距三等分，取靠近后中线 1/3 等分点与后领中点用光滑的弧线连接画顺。

（2）后袖窿弧线：将基础线结构图中的背宽线 B 到 B' 点间距二等分取得 C 点，将 B'

点 C' 点二等分，在后袖窿直角平分线上取"+0.5"的量，然后用光滑的弧线圆顺的连接画顺后袖窿弧线。

（3）后育克分割线：由上平线往下量取 7cm 作直线平行于上平线，即育克下口线。在后袖窿弧线与育克下口线交点 e 点往下量 0.8cm 取点 e'，与育克下口线圆顺连接为育克分割弧线。

（4）前领圆弧线：作领深线与领宽线的对角线，在对角线上去 2/3 等分点，将领肩点、等分点、前中心点用光滑的弧线连接画顺到止口线。

（5）前袖窿弧线：将基础线结构图中的胸宽线 D 点 D' 点艰巨三等分取肩线以下的 2/3 等分点为 F 点，在前袖窿直角平分线上取"□"的量，然后用光滑的弧线圆顺地连接画顺。

（6）前育克斜线：由前肩斜线平行往下量取 2.5cm 作直线平行于前肩斜线。

（7）前、后侧缝线：即基础线制图中的胸围大线。

（8）前、后下摆线：将前侧缝线的下端抬高 0.6cm 与下平线弧线连接为前下摆线；后侧缝线抬高量与前侧缝相同，并由此点作直线平行于下平线为后下摆线。

（9）胸贴袋：由胸宽线量进 3cm，胸围线提高 3cm 为袋口位，袋口大 $B/10+0.5$，袋长为袋口大 +1.5，袋底中间低下 1.5cm。

（10）扣眼位：在前中线上，第一扣眼位在下领上，由领口深线提高 1cm，末眼位由腰节量下号 /20+1。六只扣眼五等分（实际成品第 1、2 扣眼距离较短）。

（11）育克：也可通过将前、后衣片分别沿前育克斜线和后育克下口线剪开，然后把前后小肩线重合，即得育克。

三、男衬衫袖子制图（图2-5）

1. 袖片轮廓线及结构线制图

（1）袖中线：画一直线与布边平行为袖中线。

（2）上平线：画一直线与袖中线垂直为上平线。

（3）袖长线（袖肥线）：由上平线往下量取袖长规格作直线与上平线平行。

（4）袖山深线（袖肥线）：在袖中线上由上平线往下量取 $B/10-1.5cm$ 作直线与上平线平行。

（5）前袖山斜线：由袖山中点 O 点斜量 $AH/2-0.5cm$ 作直线与袖山深线前端相交。

（6）后袖山斜线：由袖山中点 O 点斜量 $AH/2-0.5cm$ 作直线与袖山深后端线相交。

（7）袖口线：由袖长线往上量 6cm 作直线平行于袖长线为袖克夫宽。

（8）袖克夫大：为 $B/5+3cm$。

（9）修口大 HI：按袖克夫大 + 褶量 − 大、小袖衩宽 + 装大、小袖衩宽的缝份计算。

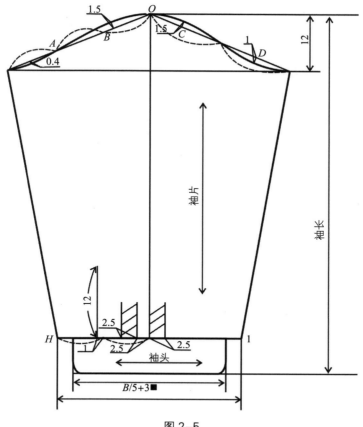

图 2-5

　　袖片轮廓线及结构图中的前、后袖山斜线三等分，分别取得 A 点、B 点、C 点、D 点，然后依次将 A 点、B 点、C 点、D 点垂直向外量取 1cm、1.5cm、1.5cm、0.5cm，以弧线圆顺连接袖山弧线，注意袖山高点 O 点的弧线要圆顺。

　　（10）袖底缝线：由袖肥大与袖口大相连接。

　　（11）定袖衩：取后袖口大的中点偏后 0.6cm，袖叉长 12cm。

　　（12）褶裥衩：3cm，两褶裥大各为 2cm，间距 1.5cm。

四、领片基础线制图（图 2-6）

过程四：制板

一、裁剪样板（图 2-7）

　　裁剪样板衣片领圈和袖窿、袖片袖山弧线、上领下口、下领四周均放缝 0.8cm。衣片下摆放缝 2cm，若为圆下摆则放缝 0.8~1cm。

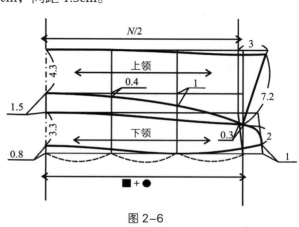

图 2-6

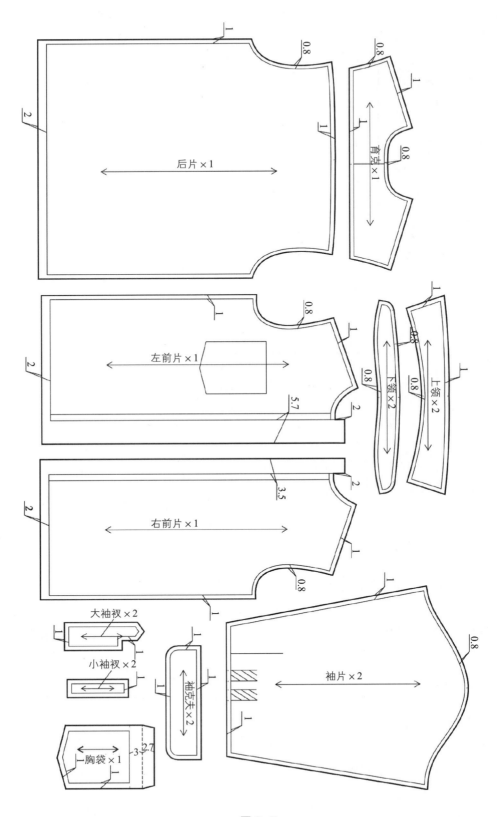

后片×1

育克×1

左前片×1

右前片×1

下领×2

上领×2

大袖衩×2

小袖衩×2

袖克夫×2

袖片×2

胸袋×1

图 2-7

二、黏衬样板（图2-8）

男衬衫黏衬样板包括翻领、领座、门里襟、袖克服、大小袖衩、口袋的上口。

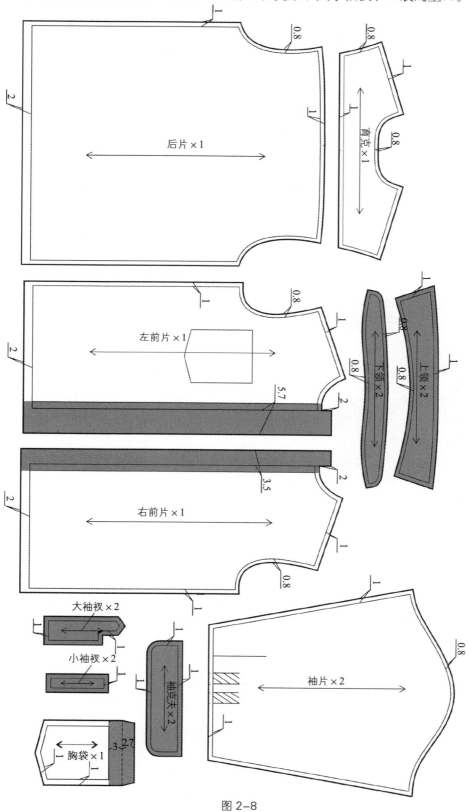

图 2-8

三、工艺样板（图 2-9）

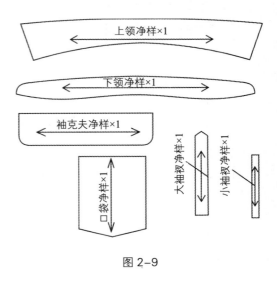

过程五：裁剪

一、算料、配料、排料

1. 算料

一件男衬衫的衣长 + 袖长 +10cm 即是男衬衫的用料长度（幅宽不同，公式也会不同）。

例如，幅宽为 144cm，衣长为 70cm，袖长为 60cm，面料所需长度为 70cm+60cm+10cm=140cm；如果幅宽是 114cm，衣长为 70cm，袖长为 60cm，面料所需长度为衣长×2+10cm=150cm；如果幅宽为 90cm，衣长为 70cm，袖长为 60cm，面料所需长度为衣长 + 袖长×2+10=200cm。所以幅宽不同，用料长度也不相同，在算料之前必须测量幅宽长度。

图 2-9

2. 辅料的配料与算料（表 2-2）

表 2-2　辅料数量及相关说明

辅料名称	辅料数量
树脂衬	50cm
衬料	100cm
纽扣	10 粒
缝纫线	一团

3. 排料

在排料前，先将面料预缩（将面料浸入水中 24 小时自然晾干），检查面料有无瑕疵，如有要避开。如裁片左右片对称，可将面料按照经向方向一折二，反面朝上，进行排料。由于男衬衫前片左右放缝不一致，因此排料时前片应分开排料。排好后再把面料对折，反面朝上排后片、袖片。

排料时还应注意：

（1）先排大部件，再排小部件。

（2）先排面料，后排辅料。

（3）紧密套排，缺口合并。

4. 男衬衫排料图（图2-10）

单层排料

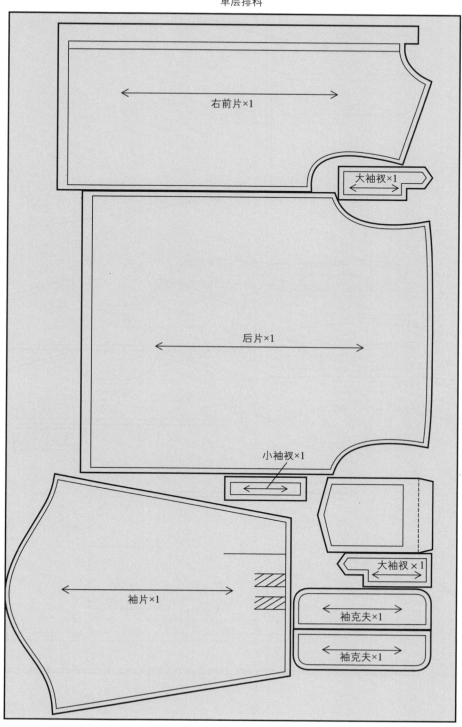

图2-10

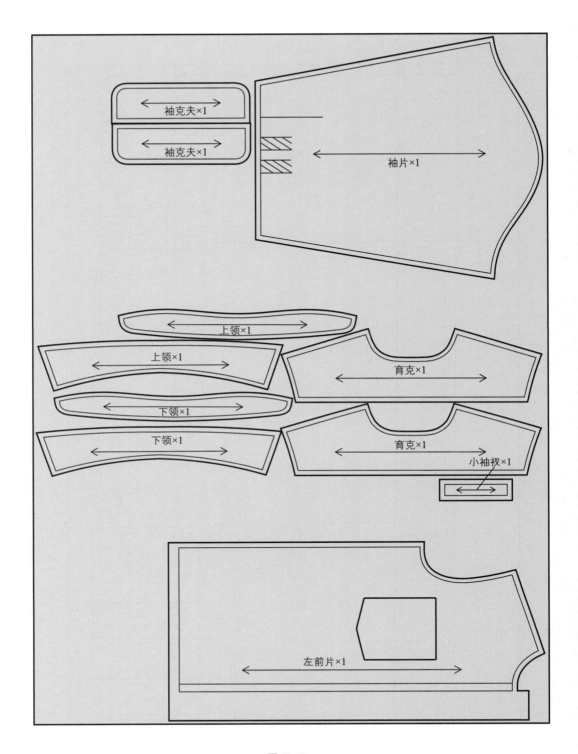

图 2-10

二、面料裁剪

1. 划样（图2-11）

面料正面相对对折放置铺平，样板的经向要与面料的经向一致，在铺平的面料上放置毛样板，使面料的经纱平行于样板的经向，可用两把尺子从丝缕线的上端、下端分别量至布边，如尺寸一致，就说明丝缕挺直（注意：经纱平行于布边，纬纱垂直于布边）。

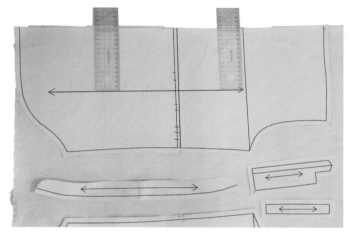

图 2-11

2. 划样图（图2-12）

裁剪到转折处的时候，不要多剪，以储备面料用于零部件的裁剪。

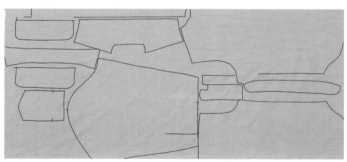

图 2-12

3. 裁剪（图2-13）

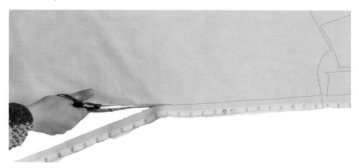

图 2-13

4. 验片（图2-14）

裁剪好样片之后，按照排料示意图检查裁片的数量。要求检验样片是否齐全，避免漏裁、多裁的情况。制作前可以在反面做好标记，以免在制作时正反面拼接错误。

图2-14

三、辅料裁剪

衬料裁剪。按照里料样板在里料上进行排料、划样和裁剪，注意丝缕方向（图2-15）。

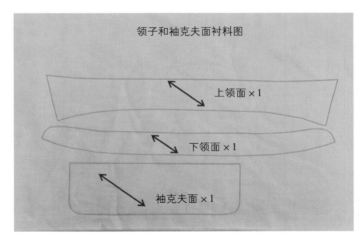

领子和袖克夫面衬料图

上领面×1

下领面×1

袖克夫面×1

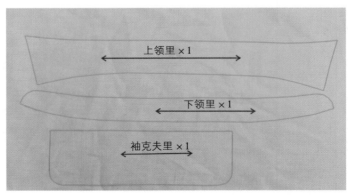

上领里×1

下领里×1

袖克夫里×1

图2-15

过程六：缝制

一、编写工艺单（表2-3）

表2-3　男衬衫工艺单

单位：cm

款式图：

款号：Wk-08023

名称：男衬衫　　下单工厂：ZJ·FASHION　　完成日期：2015-2-14

规格表

尺码 部位	S	M	L	XL
后中长	71	72.5	74	75.5
胸围	108	112	116	120
肩宽	46	47	48	49
袖长	59.5	60.5	61.5	62.5
领围	38	39	40	41
袖口大	24	24.5	25	25.5

单位：cm

面料小样：

辅料小样：

黏衬部位： 上领面、上领里、下领面、下领里、袖克夫面和里黏树脂衬、门襟黏黏衬。

裁剪要求：
1. 裁片注意面料的色差和疵点。
2. 纱向要顺直，不要倾斜。
3. 裁片准确，两层相符。
4. 合理套排，如凹凸料套排。
5. 剪口齐，剪口深0.4cm

面辅料配备

名称	门幅（规格）	单位用量	名称	货号	门幅（规格）	单位用量
面料	144	140	尺码标			
树脂衬	110	50	明线	面料色		1团
黏衬	110	70	暗线	面料色		1团
纽扣		10粒	吊牌			

工艺缝制要求： 明线针距：14针/3cm　　暗线针距：14针/3cm

1. 上领时要求刀眼对准两端肩缝和后中缝，不错位，不绱斜，做好平整服帖，上领明线0.4cm，下领止口0.1cm，下领圆角两端一致领头四周缉0.1cm宽明线，腰宽一致，上领面有0.1cm的里外匀。
2. 贴袋平整，服贴，左右高低一致，袋口缉1.9cm明线，四周明线0.1cm明线。
3. 后育克两层做光，明线0.1cm，肩缝明线0.1cm。
4. 袖山做暗包缝，明线0.6cm，袖底缝做明包缝，双明线1条0.1cm，1条0.6cm。
5. 左门襟明线3.2cm，右里襟2.5cm。袖口止口双明线，1条0.1cm，1条0.9cm，四周明线0.5cm。
6. 所有缝份用配色涤纶线，线迹要求底面线均匀，不跳针，不浮线。
7. 商标为折标夹缝于领口内，尺码标位于右商标左端（以穿着者为依据）。
8. 洗水唛夹缝于距左侧内缝3cm腰处（以穿着者为依据）。
9. 下领锁直扣眼1个，门襟5粒纽扣，袖口左右各2粒纽扣。
10. 整烫：要求各部位烫平整、服贴，烫后无污迹、油迹、水迹，不起极光和亮点。

制单：×××　　审核：×××　　日期：××××年×××月×××日

二、做右门襟

1. 烫右前片门襟

将面料反面朝上，沿领口和下摆刀口向反面烫平，注意熨斗温度不宜太高，初学者可在上面垫布熨烫，以免布料烫坏，然后以门襟净宽 2cm 再向反面折转烫平（图 2-16）。

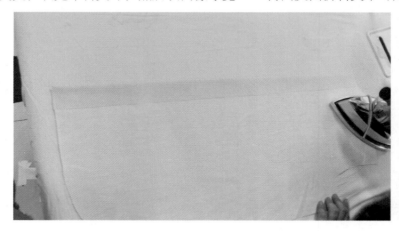

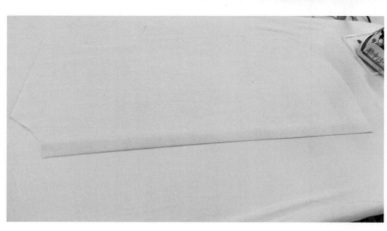

图 2-16

2. 缉明线

沿边缉线 0.1cm，缉线必须顺直，宽窄一致。

三、做左前片门襟

1. 外翻门襟烫衬

翻门襟其中一边向反面熨烫，另一边画好净样线。门襟净宽保持在 3.2cm 左右（图 2-17）。

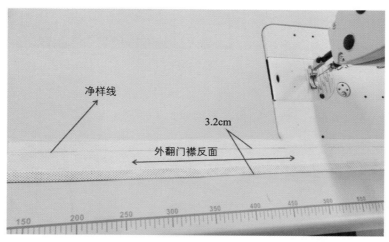

图 2-17

2. 缝合翻门襟和左前片

左前片反面和翻门襟正面相对 1cm 缝合，注意沿着净样线不可有歪斜，开始和结束打来回针固定，然后翻至正面熨烫平整（图 2-18）。

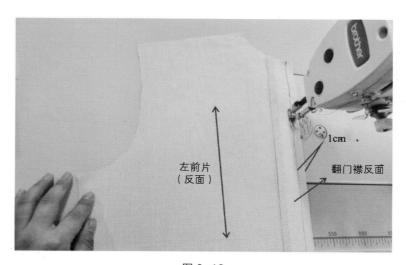

图 2-18

图 2-18

3. 压明线

翻门襟两端各缉 0.6cm，线迹顺直，无歪斜、无链形（图 2-19）。

0.6cm

左前片
（正面）

图 2-19

四、做胸袋

1. 烫胸袋（图 2-20）

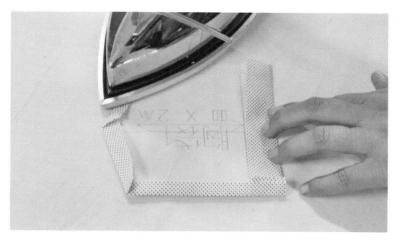

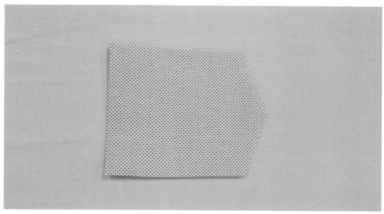

图 2-20

2. 缉明线

沿着边缘缉 0.1cm。保持缉线距上端宽度一致（图 2-21）。

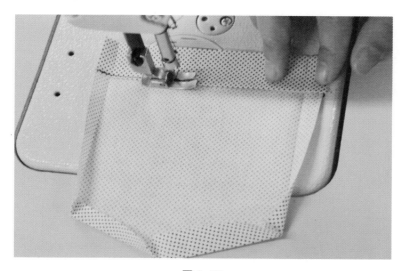

图 2-21

3. 固定胸袋

对准胸袋位置，将胸袋两端位置放准，从袖窿方向开始缝制，缉线 0.1cm，注意下层面料不要拉的过紧（图 2-22）。

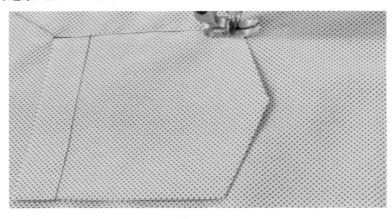

图 2-22

五、做后育克

固定后育克

将育克两片正正相对，中间做好刀眼，将后片放在中间，三个剪口对齐，缝合 1cm。正面压缉 0.1cm 明线（图 2-23）。

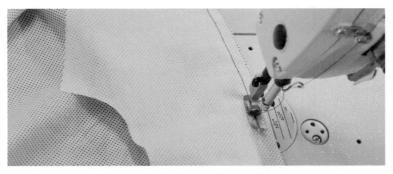

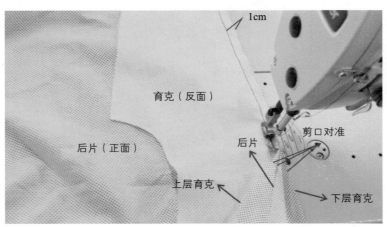

图 2-23

六、合肩缝

将前片肩缝夹在两个育克中间，缝合 1cm，正面压缉 0.1cm（图 2-24）。

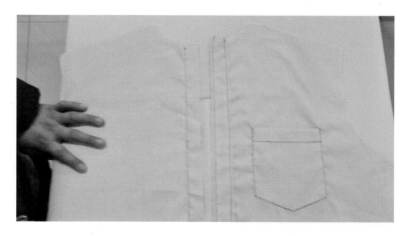

图 2-24

七、做袖衩

1. 烫大袖衩

熨烫时需要制作一个袖衩净样板，宝剑头左右大小一致、高低一致（图2-25）。

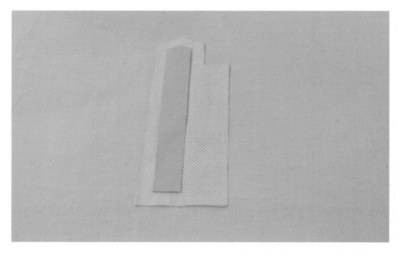

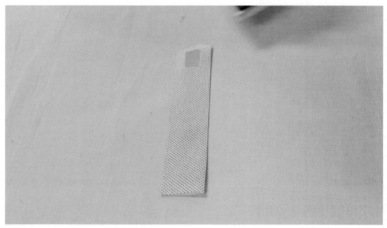

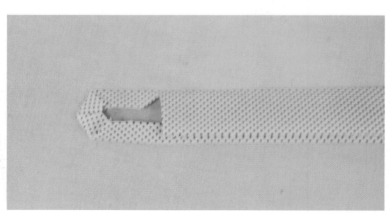

图2-25

2. 烫小袖衩

先将面料对折，然后两边分别对准烫的痕迹熨烫，正面再压烫一遍（图2-26）。

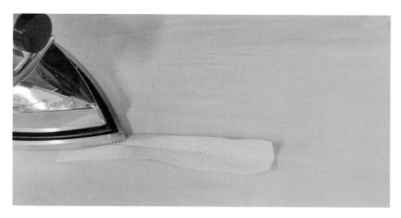

图2-26

3. 大、小袖衩完成图（图2-27）

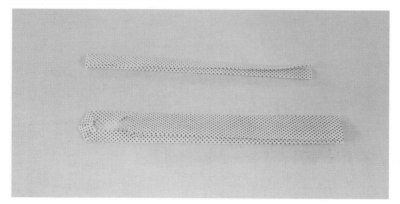

图2-27

4. 确定袖衩位置（图2-28）

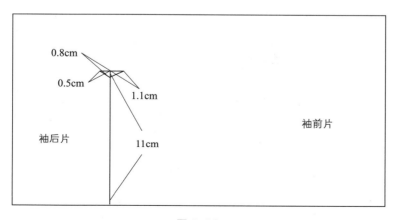

图2-28

5. 固定小袖衩

距离开口 0.8cm 缉线固定，缉线长度就是三角的底边长度，不可过长或过短，来回针两次。最后将小袖衩闷缝 0.1cm（图 2-29）。

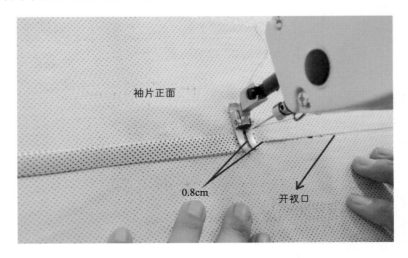

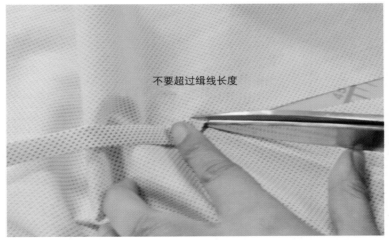

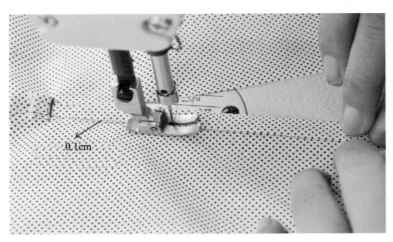

图 2-29

6. 固定大袖衩

大袖衩夹住袖片，上端对齐，在大袖衩正面按照箭头所指方向压缉明线（图2-30）。

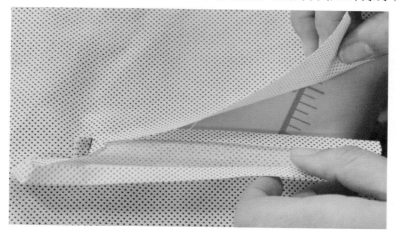

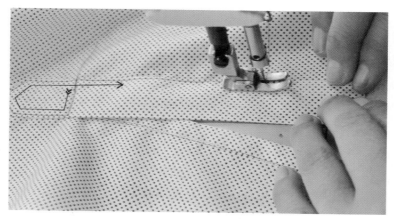

图2-30

八、做袖口裥

按照袖口裥位刀眼对准缉线，折裥倒向大袖方向。袖口0.3cm固定（图2-31）。

图2-31

九、绱袖

1. 烫袖山

将袖山向正面折转 0.6cm 熨烫。注意保持宽度一致（图 2-32）。

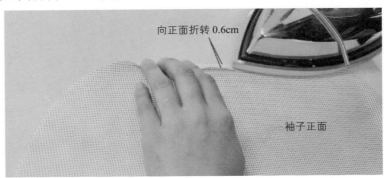

向正面折转 0.6cm

袖子正面

图 2-32

2. 绱袖

衣袖在下，衣身在上，袖山折转 0.6cm 包住衣身，缉 0.1cm 固定。然后将毛缝盖住，边缘处再缉 0.1cm 固定（图 2-33）。（注意：袖山不可出现链形）

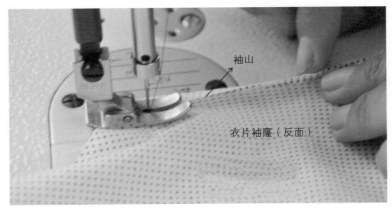

袖山

衣片袖窿（反面）

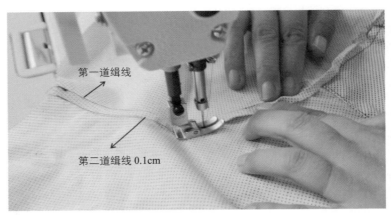

第一道缉线

第二道缉线 0.1cm

图 2-33

十、合袖底缝

后袖包前袖，沿边缉 0.1cm。再将毛缝盖住沿边缉 0.1cm（图 2-34）。

向反面折烫 0.6cm

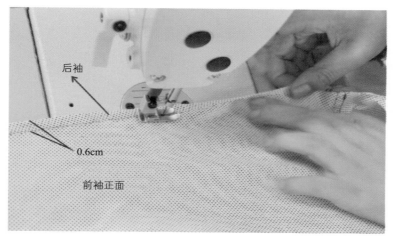

后袖

0.6cm

前袖正面

图 2-34

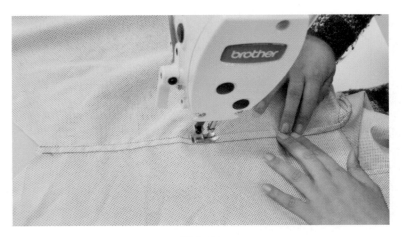

图 2-34

十一、装袖克夫

1. 缝合袖克夫面与里

袖克夫面按照净样向反面折转烫平，正面压缉 1.1cm 明线，再将袖克夫里与面正正相对，面在上，里在下，沿净样线缉缝，注意离开衬料 0.1cm，要有里外匀，面松里紧（图 2-35）。

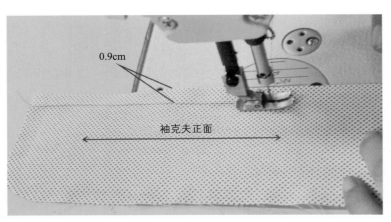

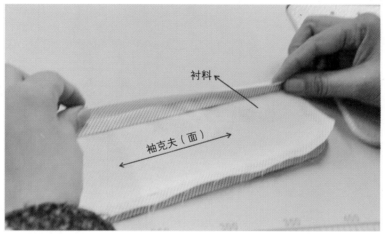

图 2-35

2. 修剪缝份（图 2-36）

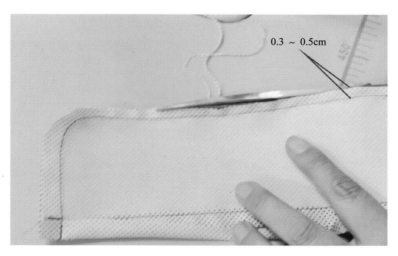

图 2-36

3. 翻袖克夫

翻袖克夫时可借助硬币翻转，圆角比较圆（图2-37）。

图2-37

4. 烫袖克夫

袖克夫翻至正面后，用熨斗压烫，下层克夫应比上层略大。相差0.15cm左右，明线0.6cm（图2-38）。

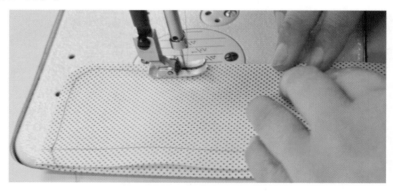

图2-38

5. 装袖克夫

将袖片夹进袖克夫里面1cm，两端对齐，缉线0.1cm（图2-39）。

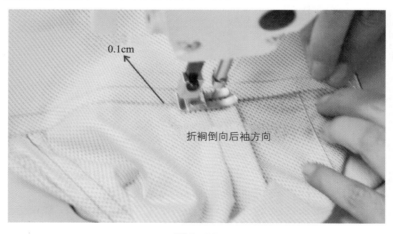

图2-39

十二、做下领

1. 黏衬，压明线
按照下领净样向反面折烫缝份，压明线 0.7cm（图 2-40）。

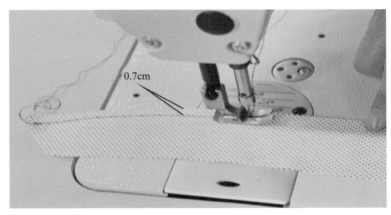

图 2-40

2. 熨烫（图 2-41）

图 2-41

3. 缝合下领
两片下领正面与正面相对，沿树脂衬边缘缉线，并修剪多余缝份，预留 0.8 ～ 1cm 缝份（图 2-42）。

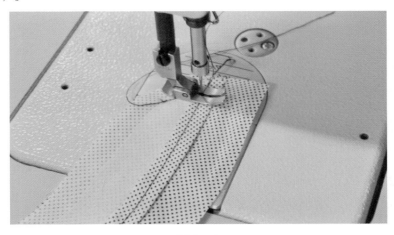

图 2-42

图 2-42

十三、做上领

1. 缝合上领

两片上领正面与正面相对，上领面在上，上领里在下，沿树脂衬边缘0.1cm 缉线，在尖角处，下层略拉紧，领角处有窝势（图 2-43）。

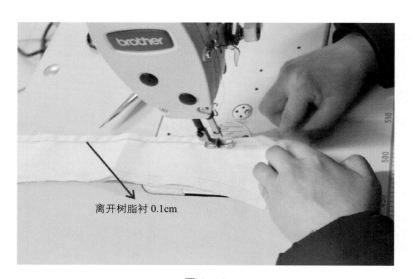

离开树脂衬 0.1cm

图 2-43

2. 修剪缝份

为了领角尖平服，修剪领角处的多余缝份，留 0.2cm 缝份（图 2-44）。

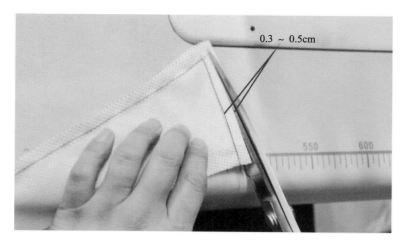

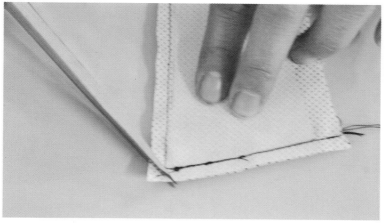

图 2-44

3. 翻领角

将缝份折叠，按住尖角不动翻出，并熨烫缝份。使领面略多出 0.1cm 左右，并具有窝服状，使领角自然弯曲（图 2-45）。

图 2-45

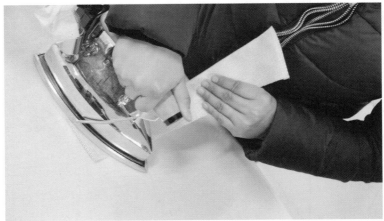

图 2-45

4. 压明线

在领面正面压缉明线 0.5cm，注意明线不可有接线，如有要拆除，重新缉线（图 2-46）。

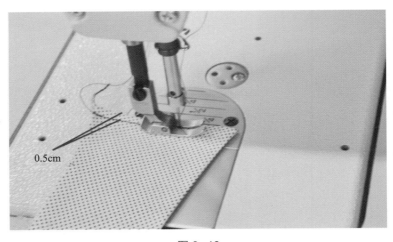

图 2-46

十四、合上下领

1. 修剪缝份

上下领缝份修剪成 1cm（图 2-47）。

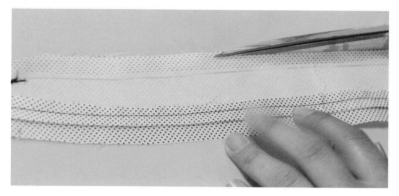

图 2-47

2. 合上下领

将上领夹在下领中间，上下领中点对准，按照净样线缉线，注意下领线要与上领线对准（图 2-48）。

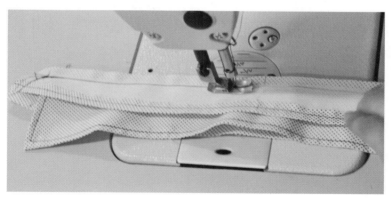

图 2-48

3. 修剪缝份

将缝份修剪成 0.6 ～ 0.8cm（图 2-49）。

图 2-49

4. 压明线

在下领上缉明线，明线只缉到上领点即可，不必打来回针（图2–50）。

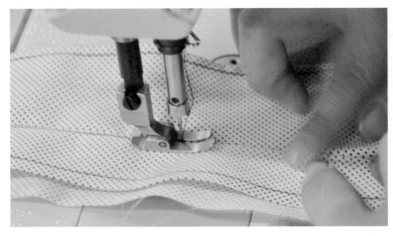

图 2–50

5. 熨烫衬衫领

熨烫时要烫出窝服状，领角自然弯曲（图2–51）。

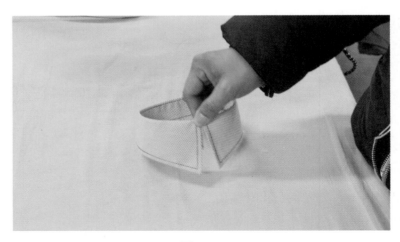

图 2–51

十五、绱领

1. 绱领子

下领正面与衣身正面相对，缝份1cm，沿着下领净样缉缝（图2-52）。

图2-52

2. 压缉明线

从绱领点开始缉缝，重合四五针，不必打来回针，明线0.1cm（图2-53）。

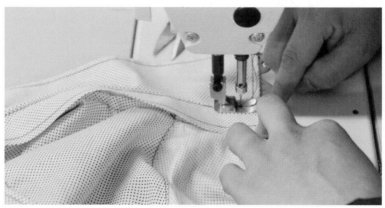

图2-53

十六、卷下摆

1. 缉下摆

下摆向里折转 0.5cm，再折转 0.9cm，缉 0.1cm 明线（图 2-54）。

图 2-54

2. 熨烫下摆

熨烫时，将整个下摆熨烫平服，注意熨斗温度不宜太高（图 2-55）。

图 2-55

十七、整烫

整烫时，拼接缝必须整烫平整，衣身无褶皱。最好熨烫时，盖布熨烫，以免产生污渍（图 2-56）。

图 2-56

男、女衬衫工艺缝制标准（表2-4）。

表2-4　男衬衫工艺缝制标准

单位：cm

项目	序号	质量标准要求	轻缺陷	扣分	重缺陷	扣分	严重缺陷	扣分
规格20分	1	衣长规格正确，不超公差±1.0	超偏差50%内		超50%～100%内		超100%以上	
	2	胸围正确不超限极公差±2.0	超偏差50%内		超50%～100%内		超100%以上	
	3	肩宽正确不超限极公差±0.8	超偏差50%内		超50%～100%内		超100%以上	
	4	袖长正确不超限极公差±0.8	超偏差50%内		超50%～100%内		超100%以上	
	5	领尖正确不超限极公差±0.6	超偏差50%内		超50%～100%内		超100%以上	
领25分	6	领面平服，松紧适宜，不起皱	轻起皱		起皱，反翘		严重起皱，反翘	
	7	领头左右对称，长短一致	误差0.2		误差0.3		误差0.3以上	
	8	绱领缉线顺直，无下坑，方正	误差0.1		>0.2			
	9	领止口缉线顺直，不反吐止口	轻反吐，弯曲		重反吐，弯曲		严重反吐	
	10	上下领三夹缝缉线，顺直	轻弯曲		重弯曲			
	11	绱领平服，无偏斜	偏斜>0.5		>0.8		>1.0	
	12	下领盘头无探出	探出>0.1		>0.2		>0.3	
	13	下领盘头圆顺，大小一致	轻不圆顺，>0.2		重，>0.3		严重不圆顺	
	14	下领缉线顺直，背面正视下领不外露	轻外露		重外露			
门里襟5分	15	门、里襟平直，长短一致	误差>0.3		>0.5		>0.7	
	16	门、里襟上下阔狭一致	误差>0.3		>0.5			
绱袖5分	17	绱袖缉线顺直，平服	轻阔狭±0.1		重阔狭±0.2		严重阔狭±0.3	
	18	绱袖圆顺，平服	轻绉，不圆顺		重绉，不圆顺		严重绉，不圆顺	
袖头11分	19	两袖袖头圆顺，对称，方正	轻不圆顺，方正		重不圆顺，方正		严重不圆顺方正	
	20	袖头袖头缉线顺直，无跳针，超阔	轻不圆顺		重不圆顺		重不圆顺	
	21	袖头无探出	一只探出0.2		二只探出0.3		严重探出	
	22	虚止口顺直，反面底皮<0.3	一只>0.3		二只眼皮>0.3		二只眼皮>0.3	
	23	袖头不反吐止口	一只反吐		一只反吐		严重反吐	

项目	序号	质量标准要求	轻缺陷	扣分	重缺陷	扣分	严重缺陷	扣分
袖叉 6分	24	袖叉平服，长短一致	互差>0.2		互差>0.5			
	25	袖叉无毛头，缉线顺直	轻弯曲		一只毛出		一只毛出	
	26	袖折裥左右对称	互差>0.3		左右不对称>0.7			
复司 4分	27	肩缝顺直平服，左右对称	轻不平服>0.3		重不平服>0.5		严重起皱，不方正	
	28	复司两头两缝处宽窄一致	互差>0.3		互差>0.7		严重起皱	
	29	袋位正确，不歪斜	轻歪斜		重歪斜			
袋 7分	30	袋位封口大小一致形状正确	大小不一致					
	31	带止口缉线顺直，无跳针	阔狭>0.1		>0.2, 跳针			
	32	绱袋平服，方正	轻皱		重皱，不方正			
摆缝底边 10分	33	袖底缝；摆缝顺直，松紧适宜	轻起皱		重起皱			
	34	拷边缉线顺直，阔狭一致	阔狭>0.1		>0.2			
	35	袖底十字档对齐	>0.3		>0.5			
	36	底边阔狭一致，平服顺直	轻皱，宽狭		重皱，>0.3		>0.7	
整洁 牢固7分	37	领面有浮线，起极光			有			
	38	无烫黄			有			
	39	无轻微毛脱	<0.5		>0.5, <1.0			
	40	无污渍，线头	正面一根或反面两根		正面两根或反面四根			
合计 扣分								

备注：

(1) 出现下列情况扣分标准如下：

① 凡各部位有开，脱线大于1cm而小于2cm，一处扣3分，大于2cm以上扣6分。

② 凡灵出现丢工，错序操作，按其部位轻重，一处扣轻，一处扣6分。

③ 严重油污有2cm以上，按部位大小扣分，一处扣4分。

④ 凡出现事故性质量问题，如烫坏，破损扣15分。

⑤ 规定时间内完成，提前不加分，超时不得评奖。

(2) 本标准质量总分为100分。

(3) 本标准中的轻缺陷扣1分，重缺陷扣2分，严重缺陷扣3分。

项目二：

衬衫设计

C HENSHAN
SHEJI

任务三：衬衫款式图绘制

一、绘制框架

❶ 从整体上确定衣长与肩宽的比例（图 3-1）。

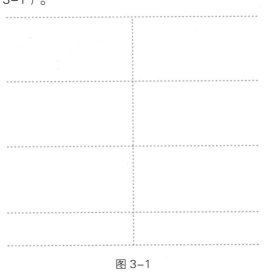

图 3-1

❷ 确定袖长与衣长的比例（图 3-2）。

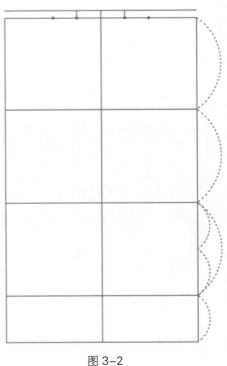

图 3-2

❸ 确定领子与整体衣服的比例（图 3-3）。

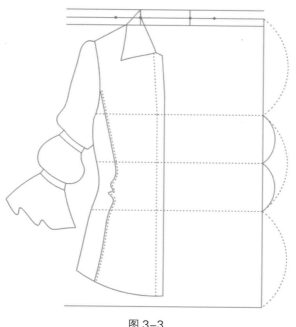

图 3-3

❹ 局部细节的确定（图 3-4）。

图 3-4

　　绘制时，需要注意线条的粗细变化，为了突出外轮廓线和结构线，可采用较粗的实线绘制，而褶皱就采用较细的实线，绘制褶纹时线和线之间要注意疏密的变化，线形走向要自然，不能平行，明线迹采用虚线绘制。

★ 知识盘点 ....

一、衬衫的分类

根据着装方法、外轮廓或者细节等，女衬衫可以有如下几种分类。

1. 根据形态来分

（1）罩衫型衬衫：底摆可以放在裙子或裤子的外面来穿着的女衬衫。虽然衣长不定，但下摆衣长的平衡是很关键的。

（2）下摆塞在下装中的女衬衫：下摆可以塞进裙子或裤子中穿着的女衬衫，衣长要长到可盖住臀部的长度。材料要选择薄型的，这样不会在塞入的下装中鼓起。

（3）衬衫型女衬衫：有男士衬衫的风格，在领子、袖克夫、前门襟、口袋等处缉明线，有种运动感。

（4）水手型女衬衫：整体较宽松，外轮廓呈箱型，领子为海军领的女衬衫。采用美式海军服的一些特点而设计处的款式，也可以作为学生制服来穿着。

（5）宽松型女衬衫：衣长过腰线并适当延长，下摆处穿带子或绳子后收腰，使下摆自然蓬松的女衬衫。

（6）露腰女衬衫：上身处于胸围线上端与腰围线之间，衣长很短，可以作为休闲装或时装衬衣进行穿着。

（7）露肩女衬衫：类似于衬衣、小背心等内衣，带有肩带的女衬衫，多为紧密贴合人体的设计。

（8）前中心扎结型女衬衫：由上衣前底摆处多裁处扎结布，并在前中心扎结。配合短裤等可作为休闲装来穿着。

（9）美国西部牛仔型女衬衫：美国西部牛仔穿着的运动型长袖衬衫，特点是弧线形约克、缉明线、带纽扣的袋盖、金属纽扣、刺绣等。

2. 根据细节来分

领、袖克夫、口袋是女衬衫的细节部位。领最能突出表现人的面部，是成衣的重要部分。既是同样形态的领，改变其大小或领位置（领围）也会产生不一样的效果，故从设计角度来看，领也是设计的重点。袖克夫与口袋也同样既有功能用途也有设计用途，且设计时必须要考虑它们与整个衣身的平衡。

（1）领。

① 关门领（图 3-5）：最基本的领型，自然沿颈部一周，因领形较小，故有休闲、轻便的感觉。

图 3-5

②带领座（底领）的衬衫领（图3-6）：领座直立环绕颈部一周，翻领拼缝与领座之上的领型（也称男衬衫领）。

③敞领（图3-7）：翻领与由衣身连裁出的驳头拼缝而成，且有领缺嘴的领型，穿着时领口敞开，故称开领。有这样领子的衬衫称为开领衬衫。

 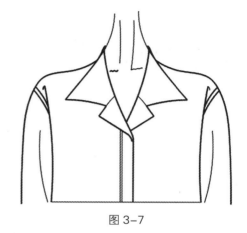

图3-6   图3-7

④立领（图3-8）：直立环绕颈部一周的领型，改变领宽与领直立角度可得到各种不同的效果，也称旗袍领、唐装领、军装领等。

⑤卷领（图3-9）：翻领直立与颈部一周的领型，使用斜裁布会有比较柔和的效果，在后中心开口的情况比较多。

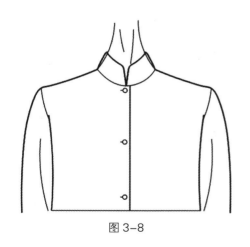 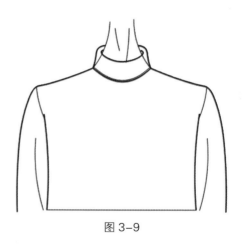

图3-8   图3-9

⑥长方领（图3-10）：与敞领相同，领口呈敞开状，但没有领缺嘴。长方形的翻领与驳头拼缝在一起。

⑦坦领（图3-11）：领座较低，平坦翻在衣身上，改变领宽与领外围形状会得到多种不同的效果。

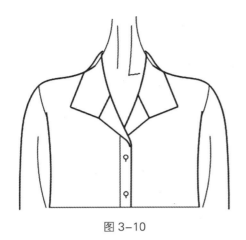

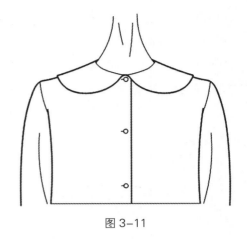

图 3-10
图 3-11

⑧ 海军领（图 3-12）：前领围呈 V 字型而后领则呈四方形，并下垂为宽大的坦领。常见于海军或水手服，故得此名。

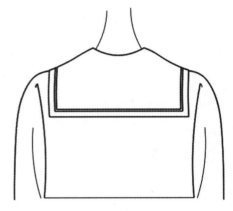

图 3-12

⑨ 两用领（图 3-13）：第一粒纽扣可扣上穿着也可打开穿着的领子。第一粒纽扣扣上穿则成关门领，打开穿则成敞领，故称两用领。

⑩ 扎结领（图 3-14）：像领带一样呈长条、带状下垂的领子。扎结方法不同，产生不同的效果。

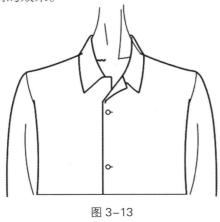

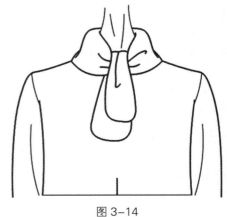

图 3-13
图 3-14

⑪ 蝴蝶结领：领子呈长条带状可结成蝴蝶结。根据采用的纱向（斜纱、红纱）不同，蝴蝶结的视绝效果也不同。

⑫ 白色大圆领：是能够盖住肩部的大坦领。纯白的颜色、大大的领形，故称之为白色大圆领。

⑬ 荷叶边领：抽缩成折裥或皱褶后而形成的领，没有领座，使用斜裁布条卷住缝份缝在衣身上。

（2）袖克夫。

① 带状克夫：平直的嵌条型克夫，在袖口一般会进行抽褶或打裥。

② 滚条型克夫：用斜纱向或直纱向布条做成的细长的滚条型克夫。在袖口一般会进行抽褶。

③ 直线型克夫：袖口与克夫同尺寸。主要用于紧身袖或合体袖的袖口。

④ 单层克夫：不可翻折的克夫。克夫上钉有纽扣。

⑤ 双层克夫：可翻折的克夫，两层克夫之间可用纽扣固定住。多用于正式衬衫或礼服型衬衫。

⑥ 可换型克夫：可拆卸下来替换的克夫。在克夫的两端分别开纽扣眼、钉纽扣。翻折起来有双层克夫的风格，放下来则是单层克夫。

⑦ 翼型克夫：翻折后的克夫的两端像鸟的翅膀一样向外扩张。

⑧ 下垂式克夫：克夫向下垂。形状有喇叭形、圆形等，可抽褶、可打裥，是比较时尚的一种克夫。

⑨ 扣纽扣型克夫：要用纽扣扣住的克夫，使用包扣或小纽扣。一般紧包手腕，作装饰用。

（3）口袋。

女衬衫与衬衫的口袋以贴袋居多，利用胸部育克、分割线等可做出各种以设计效果为目的的假口袋。

① 贴袋。

② 有袋盖的贴袋。

③ 假口袋。

二、衬衫风格设计

衬衫大体可分为四种：正装衬衫、便装衬衫、家居衬衫、度假衬衫。正装衬衫用于礼服或西服正装的搭配；便装衬衫用于非正式场合的西服搭配穿着；家居衬衫用于非正式西服的搭配，如配搭毛衣和便装裤，居家和散步穿着；度假衬衫则专用于旅游度假。

1. 正装衬衫

西装和衬衫起源于欧洲，衬衫所用扣子也是来自于法式衬衫的穿插式袖扣的启发。所以正装衬衫的款式基本都以法式衬衫为基础，具备美观的法式叠袖。只是根据搭配礼服或正装的不同，领子及前襟处可能采取不同于法式传统的款式。面料以纯棉、真丝等天然质地为主，讲究剪裁的合体贴身，领及袖口内均有衬布以保持挺括效果，这和礼服及西装的功能一样，强调修饰过的身体线条。用于礼服的衬衫一般只采用白色，日常正装衬衫则以白色或浅色居多。

2. 便装衬衫

用于搭配西装外套，面料使用没有定规，款式在传统基础上不变或略有设计变化，色彩花纹上极为自由。便装衬衫搭配西装穿着时是否配用领带完全看自己的喜好和搭配效果决定。此外，作为一条特殊的规则，深色略带光泽的便装衬衫面料受到演艺工作者的喜爱，常被演员、设计师配搭西装，用来做正式场合着装。这种深色衬衫如果剪裁考究，搭配西装既能保持绅士派头，又显得轻松帅气，逐渐成为一些讲究品位的年轻新贵的晚间便装。

3. 家居衬衫

顾名思义是家居和散步时穿着，所以款式以宽松的美式居多，花色上条纹、格子均可被广泛采用。虽然面料以纯棉、纯麻、纯毛等舒适的质地为主，但由于其家居用途并不过分讲究高级质感或特殊效果。一般配搭毛衣和便装裤。由于学院的着装较为自由，家居式衬衫也是许多学院学生和教授的日常活动衣着，搭配绒布西装或其他非正装面料的西装时，西装被称之为"西装夹克"。

4. 度假衬衫

以轻薄的纯麻、纯棉或真丝质地面料居多，款式上完全没有束缚，剪裁更加自由，衣领和袖口不使用衬布。受热带度假风潮的影响，度假衬衫一般以纯麻为正统，可搭配同样质地的度假西装和西裤，以及针织服装。

三、廓型设计

服装只有有了独具特色的外轮廓，才能运用形式美的方法将服装内部构成要素组合成完美的造型，形成强烈的服装风格。

服装的外轮廓，是指穿上服装后整个人体的外在形状，也就是服装的外部造型剪影，对服装的款式变化起决定性作用。可以说，服装造型的总体印象由外轮廓决定。

1. 服装外轮廓的特性

服装流行演变最明显的特点就是外轮廓的变化。由于服装款式的外形变化最能使人产生新鲜感，因此，服装流行预测也从服装的外轮廓开始。

在服装的整体设计中，外轮廓居首要地位。

2. 服装外轮廓的基本类别

服装外轮廓的基本类别是以英文字母形态来命名的，最基本的有五种：X 型、Y 型、H 型、A 型、O 型、组合型。以此为基础，所有服装几乎都可以用字母形态来描述。

以字母形态来表述服装外轮廓，简单明了，易识直观。

（1）X 型。最具女性体型特征的外轮廓造型，是通过肩（含胸）部和衣、裙下摆的夸张，腰部的束紧，是服装整体外形呈上、下部分宽松夸大，中间收小，类似字母 X，充分展示和强调了女性身体的优美曲线（图 3-15）。

图 3-15

（2）Y 型。类似倒梯形和倒三角形，也呈 V 型，通过夸大肩部造型，并使衣、裙下摆内收，使外形向上、向两侧伸展，形成上宽下窄的效果，类似字母 V 型的形状，具有自信、洒脱、较男性化的性格特点（图 3-16）。

图 3-16

（3）H型。平直廓型，也称矩形，特点是平肩、不收腰、筒形下摆，弱化了服装肩（胸）、腰、臀之间的宽度差异，其胸围、腰围、臀围、下摆的围度基本相同，像字母"H"，具有修长、简约、舒适的特点。多用于运动装、休闲装、居家服以及男装等的设计（图3-17）。

图 3-17

（4）A型。平直造型，上窄下宽，通过收缩肩部造型（通常不用肩垫），夸大衣摆或裙摆造成上小下大的梯形印象，廓形类似字母A，也称梯形或正三角形，具有活泼、青春、流动感强的特点，广泛应用与大衣、连衣裙、礼服等设计中（图3-18）。

（5）O型。一种浑圆的廓型，两头收缩中间突出，呈椭圆形，像字母"O"。上衣收缩肩部和下摆，放松腰围，而裙子、裤子则收缩腰部和下摆，突出中部，使得整个外形饱满、圆润。具有休闲、舒适、随意的特点，在休闲装、运动装以及居家服的设计中用得较多（图3-19）。

图 3-18

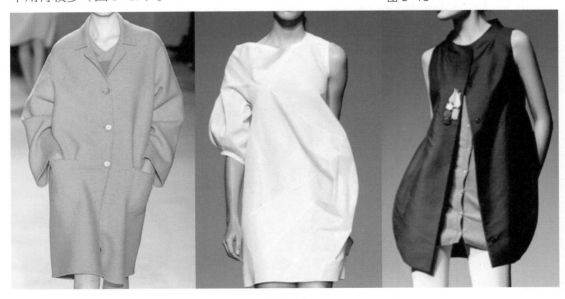

图 3-19

（6）组合型。指在一套服装中外轮廓可以使用多个形态进行搭配组合，例如，H型加A型，V型加U型，A型加H型等。廓形上的自由搭配，塑造出无数的服装外轮廓（图3-20）。

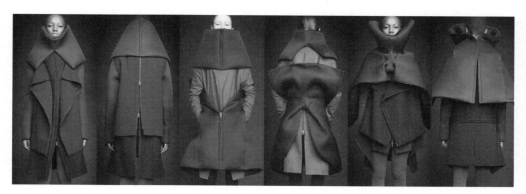

图 3-20

四、内部分割设计

1. 分割线定义

分割线（panel styleline），服装结构线的一种，又称开刀线。连省成缝而形成，兼有或取代收省道作用的拼缝线。

2. 分割线分类

（1）按设计作用划分：功能性分割线、装饰性分割线、结构装饰分割线。

（2）按线型特征划分：直线分割、曲线分割、螺旋线分割。

（3）按形态方向划分：

① 横向分割：包括各种育克、底摆线、腰节分割线、横向的褶皱、横向的袋口线等（图3-21）。

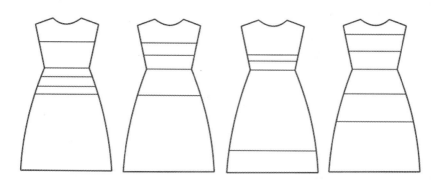

图 3-21

② 纵向分割：一般都有其固定的结构位置，即以人体凹凸点为基准。同时，要注意保持其位置的相对平，致使余缺处理和造型在分割中达到结构的统一，完美地体现不同的服装造型（图 3-22）。

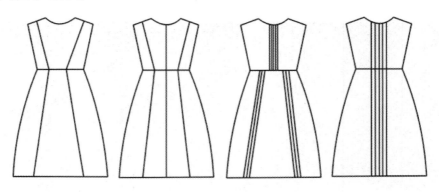

图 3-22

③ 斜向分割：活泼、动感、力度感（图 3-23）。

图 3-23

④ 弧线分割：柔软、温和的女性风韵（刀背缝）（图 3-24）。

图 3-24

（4）按照在服装上的位置划分：领围线、肩线、育克线、腰线、公主线、侧缝线、袖窿线。

3. 分割线设计方法

（1）自由分割：概括为两类，即自由折线分割和自由曲线分割。尽量避免等距离的分割（图3-25）。

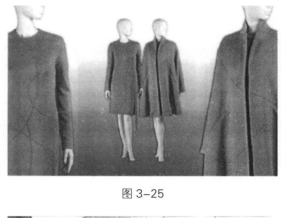

图3-25

（2）对称分割：对称分割要受到中轴线和中心点的制约，对称分割具有严肃大方、安定平稳的特征（图3-26）。

（3）渐变分割：指分割线的间隔依次增大或减少，并且在变化中具有动感与统一感的分割构成，具有加速度量的变化的快感（图3-27）。

图3-26

（4）等量分割：不同面积的面料相拼，但是在视觉上却可以产生等量的感觉（图3-28）。

图3-27

图3-28

4. 分割线装饰手法

（1）镶嵌法（图3-29）。

图 3-29

（2）留边法：在缝合衣片时，将布边外露的方法称为分割线的留边法（图 3-30）。

图 3-30

（3）镂空法：不是将分割线的两边完全缝合，而是通过部分缝合或运用蕾丝等透明面料将其连接在一起，在分割线的部位使人的肌肤或内层服装能够透露出来的一种工艺手法（图 3-31）。

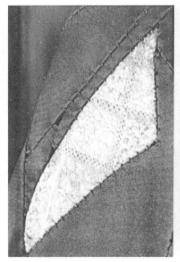

图 3-31

项目三：

衬衫拓展

C HENSHAN
TUOZHAN

任务四（拓展款式）：低腰裙式女衬衫

低腰裙女衬衫见图 4-1。

图 4-1

过程一：款式分析

一、款式外观

本款为比较经典的低腰褶裙，款式清晰可爱，深受年轻女性的喜爱，虽然款式上变化不大，但是一款比较经典的款式，经久不衰，很多大品牌经常会以本款式做一些局部的变化，或格子面料搭配，或色块拼搭等。因为其造型简洁，没有过多的装饰，所以对板型和工艺的要求很高，本款的消费层次为 25 ～ 35 岁的女性，适合职场、休闲穿着。

本款为较合体收腰造型，外观呈长方形。裙长略短，大致在大腿围线附近，膝围线以上。无领结构，领口造型为圆形，前门襟为另绱门襟，5 粒扣。胯部有横向下弧线分割，夹装两个袋盖作为装饰。裙相对做 5 个顺折裥结构造型。袖子为一片短袖，袖山处抽少量碎褶。

面料要求手感柔软，可以采用纯棉织物、棉涤织物或悬垂性好的弹性面料。

二、尺寸分析

以国家服装号型规格为标准：160/84A。

（1）裙长：裙长在臀围以下膝围以上，腰节长 38cm＋低腰 20cm＋20cm（低腰部位至所需长度）=78cm。

（2）胸围：基础胸围 84，合体造型的胸围松量在 6 ～ 8cm，根据款式的年龄定位和造型确定胸围的加放量，本款服装胸围加放 8cm，为 92cm。

（3）肩宽：肩宽尺寸与人体肩宽一致，为 38cm。

（4）袖长：13cm。

（5）腰围：A 体型的胸腰差为 14 ～ 18cm，为突出合体服装的收腰效果，本款胸腰差设计为 22cm，腰围尺寸为：92−20 ＝ 72cm。

（6）摆围：一般臀围的松量比胸围的松量小 2 ～ 4cm，胸围松量 8cm，则臀围松量 4 ～ 6cm，设计本款摆围尺寸为：90＋4 ＝ 94cm。

（7）裙折裥：单裥量为 4cm。

（8）其余细部尺寸根据造型设计。

过程二：制图

一、框架制图

先整体，再局部。先整体就是抛开款式的细节，先确定服装的框架，把决定服装造型的重要数据先确定下来，如衣长、前后胸围、袖窿深、横开领等数据。

先确定长度，再确定围度。

结构框架的第一步就是设计胸省大小。我们知道，全胸省的省量为 3.5cm 左右，体型不同胸省量也不同，胸部丰满的体型胸省量大，反之胸省量小。

在服装结构设计中，使用胸省量的大小与服装造型密切相关。胸省收得越大，那么胸部立体感越强，与人体贴合度越高，适合紧身或合体造型的服装。胸省收得越小，则胸部立体感不强，会产生余量，形成褶皱，但是活动机能加大，适合运动或休闲的服装。因此，在进行服装结构设计时，一定要仔细分析款式的造型特征，然后设计胸省量（图 4–2）。

本款式为春夏无领短袖连衣裙，款式属于较合体造型，为关门领造型，浮余量的分配方案在领口处以撇胸转化掉一部分，其他全部下放腰省。无领造型，领口宽度 5cm。

前-后=1.5　省16.2°

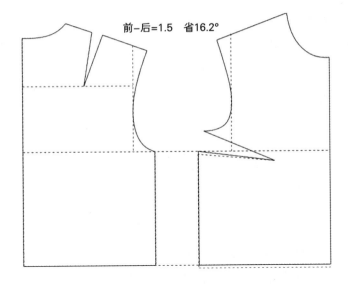

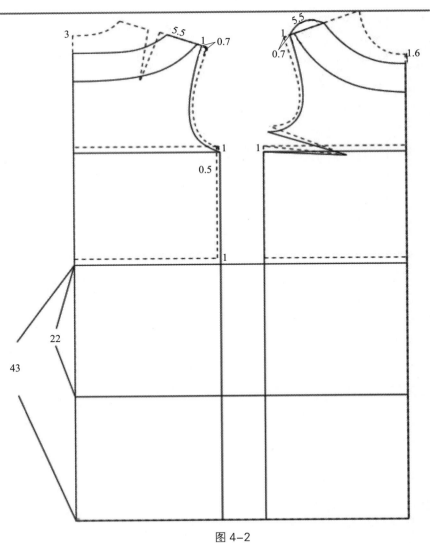

图 4-2

二、衣身结构制图（图4-3）

1. 后片

（1）后领圈弧线。后中降落5.5cm，画顺领圈弧线。注意弧度不要太大。

（2）后小肩凹进0.3cm。

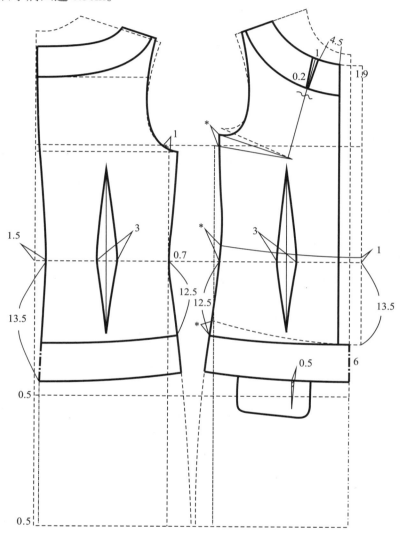

每个褶裥拉开4cm

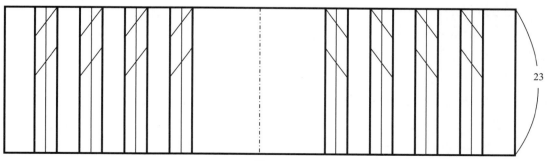

图4-3

（3）后袖窿弧线。交点在袖窿深下落 1cm 处，注意线条圆顺。

（4）侧缝线。腰节处收进 0.7cm，注意不要画成两条直线，线条圆顺。

（5）收腰省。在腰围线上收 3cm 宽腰省。

2. 前片

（1）前小肩凸出 0.3cm。

（2）前袖窿弧线。前袖窿弧线的弧度要比后袖窿弧线大，与胸宽线的交点位于前袖窿深的三分之一处。

（3）侧缝线。腰节处收进 0.8cm，画顺侧缝线。

（4）前胸 1cm 的浮余量转入领口省。余下浮余量转入下摆起翘量。门襟宽 1.9（单面）。

（5）腰围线下 13.5cm 为横向分割线，横向腰带宽 6cm。

（6）口袋宽 5.5×10.5cm，在侧缝这边起翘 1cm，基本保持和底摆斜度一致。

（7）臀摆量为 2cm，从腰围致摆围延伸下去，到裙长所需长度。

（8）裙折裥大小为 4cm，折裥类型为顺裥，明裥量为 2cm，中裥量为 2cm。一侧共设置 4 个折裥。

三、袖子结构制图（图4-4）

合体袖一片袖结构设计最好采用在衣身袖窿上制图的方法。

（1）袖山高确定。前后肩端点连线的中点垂直向下 3 ~ 3.5cm。

（2）确定前袖窿对位点 E。一般在袖窿深线向上 4.5 ~ 5cm 处。

（3）袖子制图具体步骤参阅本任务的知识准备部分。

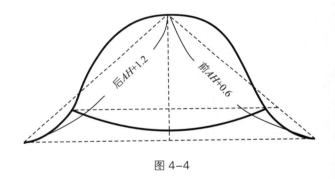

图 4-4

过程三：制板

一、衣身样板制作

在进行放缝之前，要先把对结构图进行处理，如省道转移，剪切展开等。前侧片省道处理。将省道合并，并修顺线条（图4-5）。

前后衣身样板四周放缝 1cm，胸围线、腰围线前门襟腰围线处对位剪口，袖窿部位对位绱袖点剪开 0.3 ~ 0.5cm，领口对位绱领点剪开 0.3 ~ 0.5cm。腰省部位打圆形剪口，省长上下各一个，省左右各一个，直径为 0.5 ~ 0.7cm，裙样板四周放 1cm 缝份，顺褶打对位剪口（图4-6）。

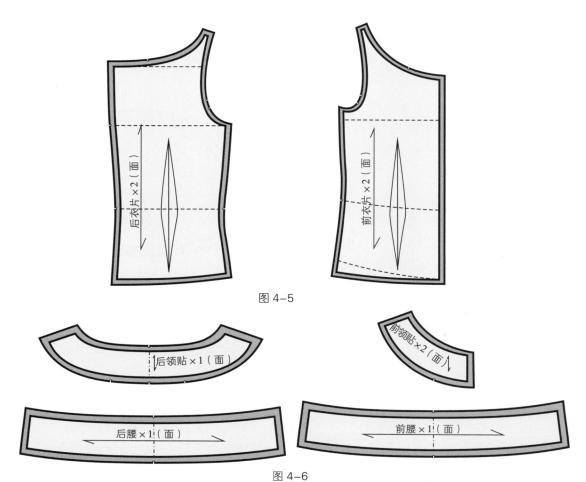

图 4-5

图 4-6

衣身裁剪样板如图 4-7 所示，放缝 1cm，下摆贴边 2.5cm。腰围线和胸围线做剪口标记，

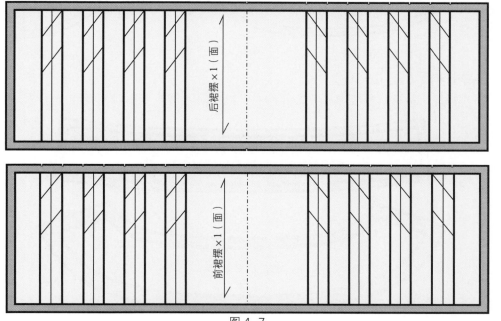

图 4-7

领和衣身做对位剪口标记。前后腰带纱向和衣身相反。样板四周放缝 1cm，领贴、腰贴及门襟里料为面料，加衬熨烫。

圆下摆贴边加放方法为：挂面处放缝 1cm。

二、袖子样板制作（图 4-8）

袖山弧线、内袖缝线、外袖缝、袖口贴边线放缝 1cm。

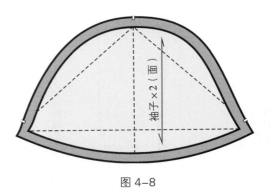

图 4-8

三、部件样板制作（图 4-9）

（1）袋盖要先做净样，然后在净样基础上放缝成毛样。注意袋盖净样两边要略微凸出，这样做好后袋盖两边不会凹进，保持成直线。

（2）从前后领片复制后领贴，先做好净样板，放缝做成毛样板。

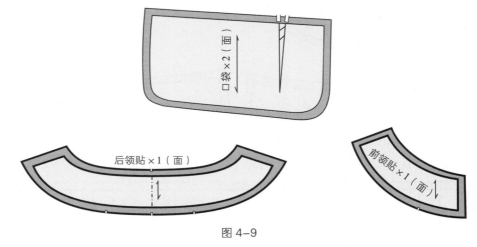

图 4-9

四、黏衬样板（图 4-10）

黏衬样板比裁片样板要略小 0.2cm 左右，固定时不能改变布料的经纬向丝缕。

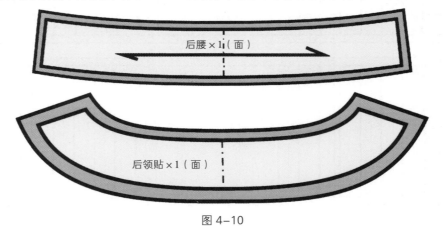

图 4-10

五、成衣效果（图 4-11）

图 4-11

任务五（拓展款式）：宽松解构型衬衫

宽松解构型衬衫（图5-1）。

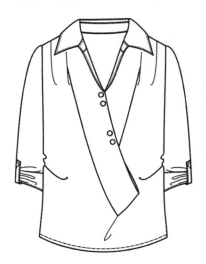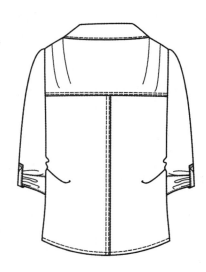

图5-1

过程一：款式分析

一、款式外观

本款结构为衣身变化女衬衫，款式简洁大方，深受职业女性喜爱。这种类型的衣身变化夸张却不浮华，有气质又气派，适合职业、休闲等多种不同环境场合穿着。衣身即适合体型偏瘦的人穿着，也适合偏胖的人穿着。因注重结构上的设计，所以没有过多其他装饰，对板型和工艺的要求很高，同时本款的消费层次为30～40岁的白领女性，这个年龄段的消费者对服装品质要求很高，对板型和工艺的要求也很高。

本款为较宽松型松腰造型，外观呈H型。衣长较短，大致在臀围线附近，领子为立翻领，前身领小半开翻领，翻领连门襟翻转结构，斜门襟止口，四粒扣。前衣片肩有两个肩省以开花省的形式呈现。后衣片背部横向育克分割，横向育克分割下有一个纵向分割。肩部有两个肩省和前片对应。袖子为九分一片袖，袖肘和袖侧缝处有襻带可进行长短调节。

面料要求手感柔软，透气性好的棉麻面料。

二、尺寸分析

以国家服装号型规格为标准：160/84A。

（1）衣长。衣长在臀围附近，在腰节下18cm左右，考虑面料和人体活动因素，衣长要加上1cm左右的调节值，衣长尺寸为：39（后腰节长）+18cm+1cm = 58cm。

（2）胸围。较宽松造型的胸围松量在12 ~ 16cm，根据款式的年龄定位和造型确定胸围的加放量，本款服装胸围加放14cm，为98cm。

（3）肩宽。肩宽尺寸与人体肩宽一致，为38cm。

（4）袖长。上衣的袖长一般为双手自然下垂时，虎口以上2 ~ 3cm。人体肩端点至腕关节的长度为51cm，袖长至腕关节下6cm处，那么袖长尺寸为：51+6 = 57cm。这个袖子为九分袖，57×0.9=51.3=51cm。

（5）腰围。H体型的胸腰差为2 ~ 3cm，为突出合体服装的收腰效果，本款胸腰差设计12cm，腰围尺寸为：92-12 = 80cm。

（6）摆围。一般臀围的松量比胸围的松量小2 ~ 4cm，胸围松量8cm，则臀围松量4 ~ 6cm，设计本款摆围尺寸为：90+4 = 94cm。

（7）领座高。一般为2.5 ~ 3.5cm。本款取3cm。

（8）翻领高。观察款式领子造型，取翻领高为4.5cm。

（9）袖口大。最小尺寸为掌围，根据对款式的理解设计，本款取13cm。

（10）折裥大。阴裥，折中量为2cm。

（11）门襟宽度为：10cm。

过程二：制图

一、框架制图

先整体，再局部。先整体就是抛开款式的细节，先确定服装的框架，把决定服装造型的重要数据先确定下来，如衣长、前后胸围、袖窿深、横开领等数据。

先确定长度，再确定围度。

结构框架的第一步就是设计胸省大小。我们知道，全胸省的省量为3.5cm左右，体型不同胸省量也不同，胸部丰满的体型胸省量大，反之胸省量小。

在服装结构设计中，胸省的转换也就是浮余量的转换，是与服装造型密切相关。胸省转移的量根据省道或折裥所在部位的不同而不同，同时也要看造型所需要的量而进行转化。因此，在进行服装结构设计时，一定要仔细分析款式的造型特征，然后进行浮余量转换设计（图5-2）。

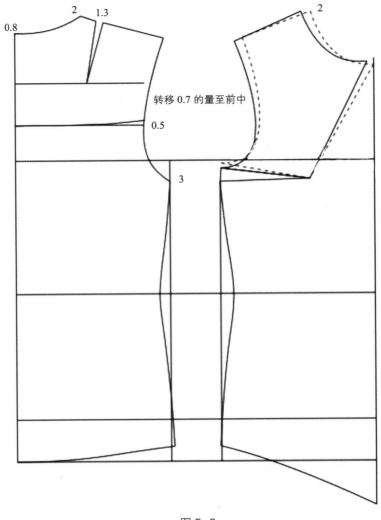

转移 0.7 的量至前中

图 5-2

本款为较宽松型松腰造型为春夏季节穿着，不要求非常紧身，因此，设计胸省量为2.5cm，所对应的胸角度为11.6°，把0.7cm的胸省量转移在前领口处。把胸省量（1.5cm）转至肩部的折裥处。把余下的0.3cm浮于袖窿。后片中0.5cm胸省量融入横向育克分割中，1.3cm的胸省量放在肩部，通过折裥量的形式呈现。

本款的领子半开门领，在模板的基础上横开领加大2cm，后领深加深0.8cm。由于是较宽松款式，故袖窿深在基础上加3cm。

二、衣身结构制图（图5-3）

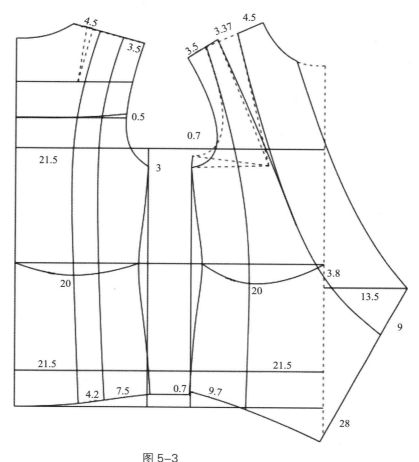

图5-3

1. 后片

（1）后领圈弧线。后中降落0.8cm，画顺领圈弧线。注意弧度不要太大。

（2）后小肩凹进0.3cm。

（3）后袖窿弧线，在袖窿深处下落3cm，注意线条圆顺。

（4）侧缝线。腰节处收进1.5cm，注意不要画成两条直线，线条圆顺。

（5）分割线。肩部折裥从SNP4.5cm起平行拉开4.2cm的折裥量，画顺通肩省。

（6）底边造型线。上抬量和前片一致，逐渐圆顺至底边。

2. 前片

（1）前小肩凸出0.3cm。

（2）前袖窿弧线。前袖窿弧线的弧度要比后袖窿弧线大，与胸宽线的交点位于前袖窿深的三分之一处。

（3）侧缝线。腰节处收进1.5cm，画顺侧缝线。

（4）前中与下摆。确定前中分割线造型，从前腰节向下量取3.8cm，做平行于上平的水平线13.5cm的凸出量。端点和领口造型分割点相连画顺，即为门襟造型。

（5）分割线。分割线位置距离*SNP*点4.5cm，部分胸省转移至肩省，过肩省做弧线分割延顺至前门襟处，画顺。离*BP*点太远起不到突出胸部造型的作用，但是也不要刚好通过*BP*点，最好是离开*BP*点1～1.5cm。前中和侧片的两条分割线会有一个差量，在制作时可以作为容量处理。

（6）下摆前止口处延长6cm，从端点画顺至侧缝的抬高量。

三、领子、袖子结构制图（图5-4）

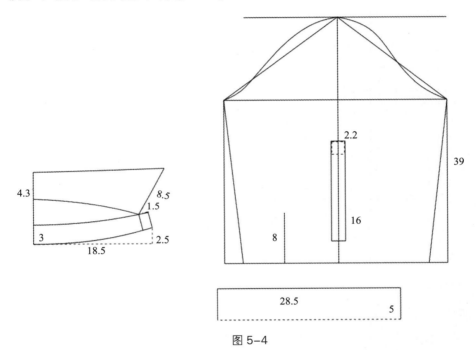

图5-4

（1）这款领子为翻领的基本型——两用翻领，是指领子在前领窝既可扣合又可敞开的一类领型。

（2）绘制领型。领外口线为水平直线，领子通过翻折线分为领座和领面翻出部分。

（3）后领起翘量的控制：后领起翘量的控制是翻领结构设计的要点，在设计时需要了解起翘量与领座之间的关系：后领起翘量越大，领座越低；后领起翘量越小，则领座越高。这款领子的起翘量定位4cm。完成领子制图。

过程三：制板

一、衣身样板制作

在进行放缝之前，要先把对结构图进行处理，如省道转移，剪切展开等。

前侧片省道处理。将省道合并，并修顺线条。放缝 1cm，下摆贴边 2.5cm。前片分割片和前片做对位刀眼处理。腰围线和胸围线做刀眼标记（图 5-5）。

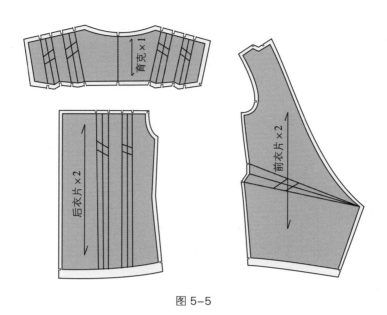

图 5-5

翻转门襟的贴边加放方法为：挂面处放缝 1cm，距离挂面 1cm 开始 2.5cm 贴边（图 5-6）。

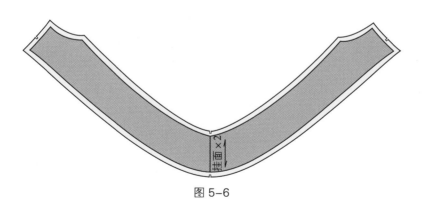

图 5-6

二、袖子、领子样板制作

（1）袖山弧线、内袖缝线、外袖缝线放缝 1cm。袖口贴边 4cm。袖克夫要先做净样，然后在净样基础上放缝成毛样。注意袖克夫净样两边角要略微凸出，这样做好的袖克夫的两边角就不会凹进，保持成直线（图 5-7）。

（2）挂面样板制作。因为挂面是和前衣片分割处大小相同 9cm，翻折后处于内里部位，和前衣身的分割结构构成了一个翻转的结构关系（图 5-8）。

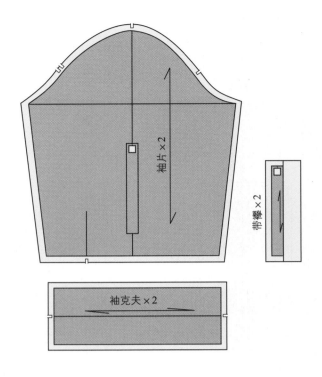

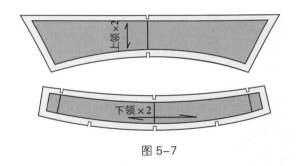

图 5-7

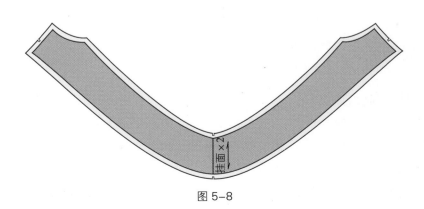

图 5-8